世纪英才中职项目教学系列规划教材（机电类专业）

PLC 控制技术基本功

罗　敬　主　编
周四六　主　审

人民邮电出版社
北　京

图书在版编目（CIP）数据

PLC控制技术基本功 / 罗敬主编. -- 北京 ：人民邮
电出版社，2011.8
世纪英才中职项目教学系列规划教材. 机电类专业
ISBN 978-7-115-25440-5

Ⅰ. ①P… Ⅱ. ①罗… Ⅲ. ①可编程序控制器－控制
系统－中等专业学校－教材 Ⅳ. ①TM571.6

中国版本图书馆CIP数据核字(2011)第087181号

内 容 提 要

本书按照中等职业技术学校 PLC 控制技术的教学大纲，将所要求掌握的基本技能和理论知识分解为 7 个项目进行分析讲解，这 7 个项目分别是 PLC 的认知、三相异步电动机的 PLC 控制、典型生产设备的 PLC 控制、送料小车的 PLC 控制、物料搬运系统的 PLC 控制、数码管的 PLC 控制和 PLC 的维护与故障诊断。本书在内容组织、结构编排及表达方式等方面都做了重大改革，以学习基本功为基调，通过做项目学习来学习理论知识，再通过学习理论知识来指导实践，充分体现了理论与实践的结合。本书强调"先做再学，边做边学"，使学习 PLC 变得轻松愉快，学生能够快速入门，越学越有兴趣。

本书可作为中等职业学校及技工学校机电类专业的教材，也可供从事相关专业工作的技术人员参考。

世纪英才中职项目教学系列规划教材（机电类专业）

PLC 控制技术基本功

◆ 主　　编　罗　敬
　　主　　审　周四六

　　责任编辑　丁金炎
　　执行编辑　郝彩红

◆ 人民邮电出版社出版发行　　北京市崇文区夕照寺街 14 号
　　邮编　100061　电子邮件　315@ptpress.com.cn
　　网址　http://www.ptpress.com.cn
　　北京艺辉印刷有限公司印刷

◆ 开本：787×1092　1/16
　　印张：7
　　字数：165 千字　　　　　　　　2011 年 8 月第 1 版
　　印数：1 – 3 000 册　　　　　　 2011 年 8 月北京第 1 次印刷

ISBN 978-7-115-25440-5

定价：15.00 元

读者服务热线：**(010)67132746**　印装质量热线：**(010)67129223**
反盗版热线：**(010)67171154**

广告经营许可证：京崇工商广字第 0021 号

丛书前言

2008年12月13日，教育部"关于进一步深化中等职业教育教学改革的若干意见"【教职成〔2008〕8号】指出：中等职业教育要进一步改革教学内容、教学方法，增强学生就业能力；要积极推进多种模式的课程改革，努力形成就业导向的课程体系；要高度重视实践和实训教学环节，突出"做中学、做中教"的职业教育教学特色。教育部对当前中等职业教育提出了明确的要求，鉴于沿袭已久的"应试式"教学方法不适应当前的教学现状，为响应教育部的号召，一股求新、求变、求实的教学改革浪潮正在各中职学校内蓬勃展开。

所谓的"项目教学"就是师生通过共同实施一个完整的"项目"而进行的教学活动，是目前国家教育主管部门推崇的一种先进的教学模式。"世纪英才中职项目教学系列规划教材"丛书编委会认真学习了国家教育部关于进一步深化中等职业教育教学改革的若干意见，组织了一些在教学一线具有丰富实践经验的骨干教师，以国内外一些先进的教学理念为指导，开发了本系列教材，其主要特点如下。

（1）新编教材摒弃了传统的以知识传授为主线的知识架构，它以项目为载体，以任务来推动，依托具体的工作项目和任务将有关专业课程的内涵逐次展开。

（2）在"项目教学"教学环节的设计中，教材力求真正地去体现教师为主导、学生为主体的教学理念，注意到要培养学生的学习兴趣，并以"成就感"来激发学生的学习潜能。

（3）本系列教材内容明确定位于"基本功"的学习目标，既符合国家对中等职业教育培养目标的定位，也符合当前中职学生学习与就业的实际状况。

（4）教材表述形式新颖、生动。本系列教材在封面设计、版式设计、内容表现等方面，针对中职学生的特点，都做了精心设计，力求激发学生的学习兴趣，书中多采用图表结合的版面形式，力求学习直观明了；多采用实物图形来讲解，力求形象具体。

综上所述，本系列教材是在深入理解国家有关中等职业教育教学改革精神的基础上，借鉴国外职业教育经验，结合我国中等职业教育现状，尊重教学规律，务实创新探索，开发的一套具有鲜明改革意识、创新意识、求实意识的系列教材。其新（新思想、新技术、新面貌）、实（贴近实际、体现应用）、简（文字简洁、风格明快）的编写风格令人耳目一新。

如果您对本系列教材有什么意见和建议，或者您也愿意参与到本系列教材中其他专业课教材的编写，可以发邮件至 wuhan@ptpress.com.cn 与我们联系，也可以进入本系列教材的服务网站 www.ycbook.com.cn 留言。

丛书编委会

前言

Foreword

可编程逻辑控制器（PLC）以微处理器为核心，将计算机技术、自动化技术和通信技术融为一体，是一种新型的工业自动化控制装置。可编程控制器的控制能力强、可靠性高、配置灵活、编程简单、使用方便、易于扩展，被广泛地应用于钢铁、石油、化工、电力、机械制造、汽车、轻纺、交通运输、环保及文化娱乐等各个行业中，正在迅速地改变着工厂自动控制的面貌并加快了工厂自动化控制的进程。

PLC 课程是中等职业学校机电类专业重要的基础课程，有很强的实践性和实用价值，同时又很有趣味性。传统教材采取"先理论、后实训"的编排方法，学生会因理论知识的学习枯燥而丧失学习兴趣，在实训时又为无从下手而感到很烦恼。而本教材在内容组织、结构编排及表达方式等方面都做了重大改革，以强调"基本功"为基调，通过做项目学习理论知识，通过学习理论知识指导实训，充分体现理论和实践的结合。本教材强调"先做再学，边做边学"，使得 PLC 学习轻松愉快，学生能够快速入门，越学越有兴趣。

本书共有 7 个项目，分别是 PLC 的认知、三相异步电动机的 PLC 控制、典型生产设备的 PLC 控制、送料小车的 PLC 控制、物料搬运系统的 PLC 控制、数码管的 PLC 控制和 PLC 的维护与故障诊断，涵盖的理论知识包括 PLC 的系统组成、工作原理、重要软继电器、基本指令、功能指令以及 PLC 的维护与故障诊断等内容。

本书由河南信息工程学校罗敬任主编并负责全书统稿。参编老师分工如下：罗敬编写项目一、项目四、项目六和附录；新郑市中等专业学校的李保周编写项目二；辽宁工业职业学院的张学辉编写项目三和项目七；天津市统计职专的贾雪莲编写项目五。周四六对本书进行了审稿。在对教材进行构思的过程中，还得到了王国玉和杨承毅老师的指导和帮助，在此深表谢意！

另附教学建议学时表如下，在实施中，任课教师可根据具体情况适当调整和取舍。

教学建议学时表

序　号	内　容	学　时
项目一	PLC 的认知	16
项目二	三相异步电动机的 PLC 控制	16
项目三	典型生产设备的 PLC 控制	12
项目四	送料小车的 PLC 控制	16
项目五	物料搬运系统的 PLC 控制	14
项目六	数码管的 PLC 控制	12
项目七	PLC 的维护与故障诊断	8
总学时数		94

由于作者水平有限，书中难免存在错误和不妥之处，恳请读者批评指正。

编　者

目 录

Contents

项目一　PLC 的认知

20 世纪 60 年代末期，随着世界工业的迅速发展，特别是汽车工业更新换代的加快，传统的继电器—接触器控制系统已经不能适应汽车工业的飞速发展。世界上第一台可编程控制器，也就是 PLC，于 1969 年由美国数字设备公司（DEC）研制并应用在美国通用汽车公司的自动装配生产线上，取得了巨大的成功。之后，PLC 很快在世界各国的工业领域推广应用。PLC 通过编程来实现工业控制的要求，具有价格便宜、使用更方便、功能更强、可靠性高的特点，已经发展成为现代工业自动化的支柱之一。

那么 PLC 是什么？它是如何实现控制功能的呢？下面我们就先来认识一下 PLC 吧。

项目学习目标

	项目教学目标	教学方式	学时
技能目标	① 了解 PLC 的定义、系统组成及工业应用 ② 掌握 S7-200 软件的安装与使用方法	学生实际练习，教师指导安装和使用	8
知识目标	① 掌握 PLC 的基本工作原理 ② 熟悉 PLC 的编程语言 ③ 熟悉 PLC 的重要软继电器	教师讲授重点：PLC 的基本工作原理	8

项目基本功

1.1　项目基本技能

早期的可编程控制器主要用作逻辑控制，而现代的可编程逻辑控制器（Programmable Logic Controller）具有更广泛的控制功能，如定时控制、计数控制、步进控制等，本应简称为 PC，但为了与个人计算机（Personal Computer）相区别，人们仍沿用早期的 PLC 表示可编程控制器。

任务一　了解 PLC

1. PLC 的定义

1987 年 2 月，国际电工委员会（IEC）将 PLC 定义为："可编程控制器是一种数字运算操作的电子系统装置，专为在工业现场应用而设计。它采用可编程序的存储器，在其内部存储程序，执行逻辑运算、顺序控制、定时、计数和算术等操作指令，并通过数字式或模拟式输入和输出，控制各种类型的机械或生产过程。可编程控制器及其有关外部设备，都应按易于与工业系统联成一个整体，易于扩充其功能的原则设计。"

因此，PLC 是一种专门用于工业控制的计算机。近年来，PLC 技术发展迅速，出现了很多新品种，其功能已经超出了上述对可编程控制器定义的范围。在实际应用中，硬件可以根据实际需要进行选用配置，软件可以根据控制要求进行设计编制。

2. PLC 在工业中的应用

目前 PLC 已经广泛应用于钢铁、石油、汽车等工业领域。为了使读者能够对 PLC 有初步的了解，下面以电镀生产线为例，扼要介绍 PLC 在工业生产中的应用。

电镀生产线的生产流程图如图 1-1 所示，共有 5 个工位：上料、前处理、镀槽、后处理和下料。它的工作过程为：在上料处人工挂好镀件，传感器检测到镀件发出启动信号，行车提升并自动前进，在需要加工处理的工位停止，吊钩自动下降；按照工艺要求处理一段时间后自动上升，如此完成工艺规定的每一道工序直至下料处放下镀件，行车自动返回，周而复始地循环工作。

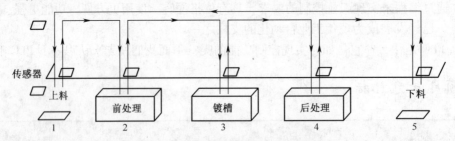

图 1-1　电镀生产线的生产流程图

为保证电镀产品的质量，除了人工编制电镀工艺和添加镀液外，还需要严格按照电镀工艺流程运行，以及控制产品的电镀时间。传统的继电器—接触器控制系统，采用硬件接线的方式安装而成，控制线路接线复杂、体积庞大，同时机械触点容易损坏，系统的可靠性较差，而采用以 PLC 为核心的自动化控制电镀生产线，不但能够克服传统控制系统的缺陷，而且还能够提高生产效率和减轻工人的劳动强度。

电镀生产线中，行车控制信号通过外部的开关、按钮等与 PLC 的输入端口连接，行车工作模式有手动操作或自动运行、单周期或循环运行、紧急暂停以及行车步进操作的任意设定，以上功能都可以通过 PLC 编程来实现。当然，要实现电镀生产线的全部功能需要周密地编写程序，具体的程序设计在这里就不再详述了。

3. PLC 的外部结构

（1）S7-200 的结构

S7-200 系列是德国西门子公司生产的小型 PLC 系列，适合各种场合的检测、监测和自动化控制，具有丰富的功能模块和良好的扩展性，且价格便宜能够满足控制要求。S7-200 系列主要有 CPU221、CPU222、CPU224 和 CPU226 四种 CPU 基本单元，其外部结构大体相同，如图 1-2 所示。本书以西门子的 S7-200 系列 PLC 为例，讲授有关 PLC 的基本知识。

① 状态指示灯 LED：用于显示 CPU 所处的状态（系统错误/诊断、运行、停止）。

② 通信口：RS-485 总线接口，可通过它与其他设备连接通信。

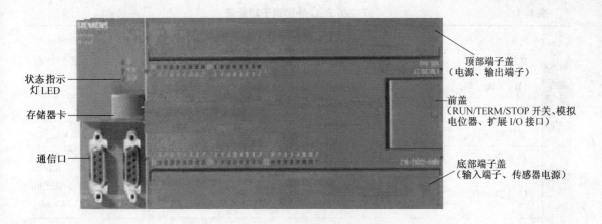

状态指示
灯 LED

存储器卡

通信口

顶部端子盖
（电源、输出端子）

前盖
（RUN/TERM/STOP 开关、模拟
电位器、扩展 I/O 接口）

底部端子盖
（输入端子、传感器电源）

图 1-2　S7-200 系列 PLC 外形图

③ 底部端子盖下面有输入端子和传感器电源端子。输入端子的运行状态由底部端子盖上面的指示灯显示，"ON"状态时指示灯亮。

④ 顶部端子盖下面有输出端子和 PLC 供电电源端子。输出端子的运行状态由顶部端子盖上面的指示灯显示，"ON"状态时指示灯亮。

⑤ 前盖下面有模式开关（运行/终端/停止）、模拟电位器和扩展端口。当开关拨到运行（RUN）时，程序处于运行状态；拨到终端（TERM）时，可以通过编程软件控制 PLC 的工作状态；拨到（STOP）时，则程序停止运行，处于写入程序状态。模拟电位器可以设置 0～255 的值。扩展端口用于连接扩展模块，实现 I/O 的扩展。

（2）S7-226 PLC 的外部端子图

S7-226 AC/DC/RLY 端子图如图 1-3 所示，其中，AC/DC/RLY 分别表示 PLC 供电电源的类型、输入端口的电源类型和输出端口器件的类型，RLY 表示输出类型为继电器。

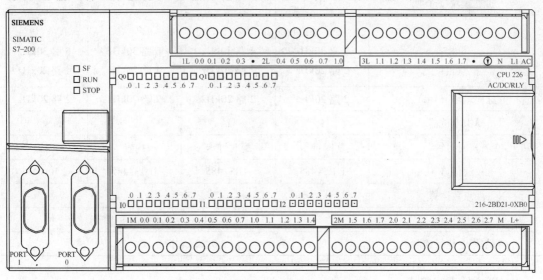

图 1-3　S7-226 AC/DC/RLY 端子图

各端子的功能如表 1-1 所示。

（3）S7-200 的主要性能指标

S7-200 系列各主机的主要技术性能指标如表 1-2 所示。

表 1-1   **S7-226 PLC 外部端子功能表**

底部端子	L+	内部 DC 24V 电源正极，为外部传感器或输入继电器供电
	M	内部 DC 24V 电源负极，接外部传感器负极或输入继电器公共端
	1M、2M	输入继电器的公共端口
	I0.0 ~ I2.7	输入继电器端子，输入信号的接入端
顶部端子	交流电源供电（L1、N、↓）	分别表示电源相线、中线和接地线。交流电压为 85 ~ 265V
	直流电源供电（L+、M、↓）	分别表示电源正极、电源负极和接地。直流电压为 24V
	1L、2L、3L	输出继电器的公共端口，接输出端所使用的电源。输出各组之间相互独立，负载可以使用多个电压系列（如 AC 220V、DC 24V 等）
	Q0.0 ~ Q1.7	输出继电器端子，负载接在该端子与输出端电源之间

表 1-2   **S7-200 主要技术指标**

特性	CPU221	CPU222	CPU224	CPU226
外形尺寸（mm）	90×80×62	90×80×62	120.5×80×62	190×80×62
程序存储器 可在运行模式下编辑 不可在运行模式下编辑（B）	4 096 4 096	4 096 4 096	8 192 12 288	16 384 24 576
数据存储区（B）	2 048	2 048	8 192	10 240
掉电保持时间（h）	50	50	100	100
本机 I/O：数字量	6 入/4 出	8 入/6 出	14 入/10 出	24 入/16 出
扩展模块（个）	0	2	7	7
高速计数器 单相 双相	4 路 30kHz 2 路 20kHz	4 路 30kHz 2 路 20kHz	6 路 30kHz 4 路 20kHz	6 路 30kHz 4 路 20kHz
脉冲输出（DC）	2 路 20kHz	2 路 20kHz	2 路 20kHz	2 路 20kHz
模拟电位器	1	1	2	2
实时时钟	配时钟卡	配时钟卡	内置	内置
通信口	1 RS-485	1 RS-485	1 RS-485	2 RS-485
浮点数运算	有			
I/O 映像区	256（128 入/128 出）			
布尔指令执行速度	0.22μs/指令			

4. PLC 的系统组成

PLC 的种类很多，但其组成结构和工作原理基本相同。PLC 采用了典型的计算机结构，主要是由 CPU、存储器、电源和专门设计的输入/输出接口电路等组成。典型的 PLC 结构如图 1-4 所示。

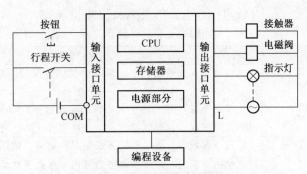

图 1-4　PLC 系统组成框图

（1）中央处理器（CPU）

CPU 是 PLC 的逻辑运算和控制中心，按照 PLC 中系统程序赋予的功能指挥 PLC 有条不紊地工作，其主要功能如表 1-3 所示。

表 1-3　　　　　　　　　　　　　CPU 的主要功能

	CPU 的功能
程序运行准备	CPU 控制从编程器键入的用户程序和数据的接收和存储
	CPU 用扫描方式通过 I/O 部件接收现场的状态或数据，并存入输入映像存储器或数据存储器
	检测电源、诊断 PLC 内部电路的工作故障和编程中的语法错误等
程序运行	CPU 从程序存储器中逐条读取用户程序，解释并按照指令规定的任务进行数据传递、逻辑或算术运算等，并根据运算结果，更新有关标志位的状态和输出映像存储器的内容，再经输出部件实现输出控制、制表打印或数据通信等功能

CPU 芯片的性能关系到 PLC 处理控制信号的能力和速度，CPU 位数越高，系统处理的信息量越大，运算速度也越快。目前，随着 CPU 芯片技术的发展，PLC 的功能也得以提高和增强。大多数 PLC 都采用了 32 位 CPU。

（2）存储器

PLC 的存储器主要用来存放程序和数据，其主要分类和功能如图 1-5 所示。

存储器 {
　系统存储器：存放由 PLC 厂家编写的系统程序，并固化在程序存储器中，用户不能直接修改。它使得 PLC 具有基本的功能，能够完成 PLC 设计者规定的各项工作。
　用户存储器 {
　　用户程序存储器：存放用户针对具体控制任务用规定的 PLC 编程语言所编写的应用程序。
　　用户数据存储器：存放用户程序中所使用器件的 ON/OFF 状态和数值、数据等，构成了 PLC 的各种内部器件，也称为"软元件"。

图 1-5　存储器的分类及功能图

根据选用的存储器单元类型的不同，常用的 PLC 存储器有 ROM、RAM 和 EEPROM，其功能如表 1-4 所示。

用户存储器容量的大小关系到用户程序容量的大小和内部器件的多少，是反映 PLC 性能的重要指标之一。

（3）输入/输出接口电路

输入/输出接口电路是 PLC 与工业控制现场各类信号连接的部分，在 PLC 与被控对象之间传递输入/输出信息。输入/输出接口电路的类型及功能如表 1-5 所示。

表 1-4 PLC 常用的存储器

存储器类型	存储器功能
只读存储器（ROM）	主要用于存放系统程序，断电后其内容保持不变。ROM 的内容只能读出，不能写入
随机存取存储器（RAM）	主要用于保存 PLC 内部元器件的实时数据。RAM 是读/写存储器，数据可以实时改变。其存取速度快，价格便宜。断电后储存的信息将会丢失
电可擦可编程只读存储器（EEPROM）	常用于存放用户程序和需要长期保存的重要数据。使用编程器能够对其所存储的内容进行修改。断电后其内容保持不变

表 1-5 输入/输出接口电路

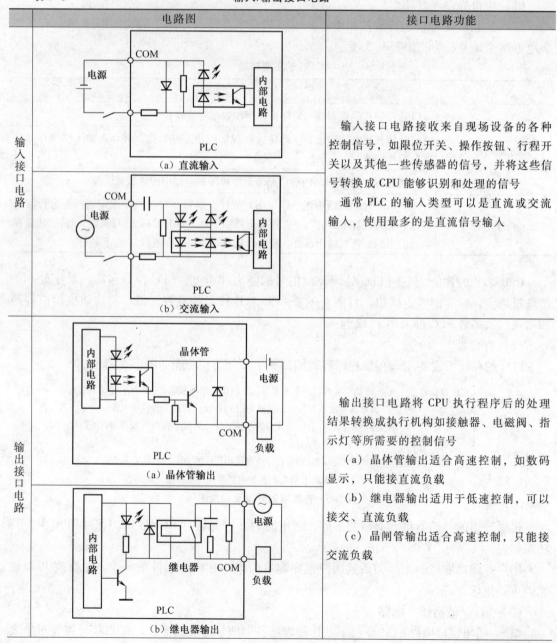

	电路图	接口电路功能
输入接口电路	（a）直流输入 （b）交流输入	输入接口电路接收来自现场设备的各种控制信号，如限位开关、操作按钮、行程开关以及其他一些传感器的信号，并将这些信号转换成 CPU 能够识别和处理的信号 通常 PLC 的输入类型可以是直流或交流输入，使用最多的是直流信号输入
输出接口电路	（a）晶体管输出 （b）继电器输出	输出接口电路将 CPU 执行程序后的处理结果转换成执行机构如接触器、电磁阀、指示灯等所需要的控制信号 （a）晶体管输出适合高速控制，如数码显示，只能接直流负载 （b）继电器输出适用于低速控制，可以接交、直流负载 （c）晶闸管输出适合高速控制，只能接交流负载

续表

电路图	接口电路功能
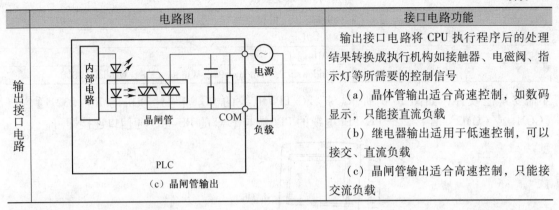	输出接口电路将 CPU 执行程序后的处理结果转换成执行机构如接触器、电磁阀、指示灯等所需要的控制信号 （a）晶体管输出适合高速控制，如数码显示，只能接直流负载 （b）继电器输出适用于低速控制，可以接交、直流负载 （c）晶闸管输出适合高速控制，只能接交流负载

在晶体管输出接口电路中，当程序执行完毕，输出信号由输出映像寄存器送至输出锁存器，再经光电耦合器控制输出晶体管。当晶体管饱和导通时，LED 输出指示灯点亮，说明该输出端有输出信号；当晶体管截止断开时，LED 输出指示灯熄灭，说明该输出端无输出信号。

（4）电源

电源模块是把交流电源转换成 CPU、存储器等内部电路工作所需要的直流电源。

PLC 的工作电源一般为单相交流电源或 24V 直流电源。PLC 内部配有稳压电源，因此，对外部电源的稳定性要求不高，一般允许外部电源电压的额定值波动 ±15%，有些 PLC 电源部分还提供 24V DC 稳压输出，用于对外部传感器供电。稳压电源常采用开关稳压，其稳压性能好，抗干扰能力强。

为防止外部电源发生故障时，PLC 内部程序和数据等重要信息丢失，PLC 采用锂电池作为备用电源。

（5）编程设备

编程设备用于将用户程序输入 PLC 的存储器。可以用编程设备检查程序、修改程序和监控 PLC 的工作状态。它通过接口与 CPU 联系，完成人—机对话。

过去的编程设备一般是编程器，功能有限且操作烦琐。现在 PLC 厂家给用户配置的是在 PC 上运行的基于 Windows 的编程软件。其功能强大，不仅能够实时调试，而且还能够进行智能化的故障诊断。S7-200 软件的安装与使用在本项目任务二中有详细的介绍。

任务二　S7-200 软件的安装与使用

1. S7-200 软件的安装

STEP 7-Micro/WIN 是西门子公司专门为 S7-200 系列 PLC 设计开发的编程软件，它基于 Windows 操作系统，功能强大，为用户开发、编辑、调试和监控应用程序提供了良好的编程环境。STEP 7-Micro/WIN 编程软件有多个版本，STEP 7-Micro/WIN V4.0 版本可以切换到中文界面。

（1）系统要求

运行 STEP 7-Micro/WIN V4.0 编程软件对计算机有系统上的要求，如表 1-6 所示。

由此可见，S7-200 软件对计算机系统要求不高，一台 2 000 元左右的家用电脑就能够满足这个要求，再配置一块 S7-200 系列的主机模块，那么，我们在家里就可以进行 PLC 小程序的开发。

（2）硬件连接

利用一根 PC/PPI（个人计算机/点对点接口）电缆可建立个人计算机与 PLC 之间的通信，

表 1-6　　　　　　　　　　　　　　　　　　　系统要求

CPU	80 486 以上的微处理器
内存	8MB 以上
硬盘	50MB 以上
操作系统	Windows 95、Windows 98、Windows ME、Windows 2000

不需要其他硬件，如图 1-6 所示。把 PC/PPI 电缆的 PC 端与计算机的 RS-232 通信口（COM1 或 COM2）连接，把 PC/PPI 电缆的 PPI 端与 PLC 的 RS-485 通信口连接即可。

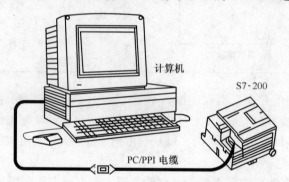

图 1-6　S7-200 PLC 的主机与计算机的连接

（3）软件安装

STEP 7-Micro/WIN V4.0 编程软件可以从西门子公司的网站下载，也可以使用光盘安装，安装步骤如下。

① 双击 STEP 7-Micro/WIN V4.0 的安装程序 "setup. exe"，系统自动进入安装向导。

② 在安装向导的帮助下完成软件的安装。

③ 在安装过程中，如果出现 PG/PC 接口对话框，可单击 "OK" 按钮。

④ 重启计算机后，在桌面出现 STEP 7-Micro/WIN V4.0 编程软件的快捷图标，双击该图标进入软件界面，单击 "Tool" 菜单，依次选择 "Options" → "General" → "Language"，在 "Language" 下拉项中，选中 "Chinese" 选项，完成中文编程语言环境的设置。图 1-7 所示为 STEP 7-Micro/WIN V4.0 编程软件的中文主界面。

2. S7-200 软件的使用

（1）STEP 7-Micro/WIN V4.0 主界面及各部分功能

STEP 7-Mirco/WIN 4.0 编程软件的主界面如图 1-7 所示，可以分为以下几个区：标题栏、菜单条、工具条、引导条、指令树、用户窗口、状态条和输出窗口。

① 菜单条：在菜单条中共有 8 个主菜单选项，包括文件、编辑、查看、PLC、调试、工具、窗口和帮助。每个选项的具体功能这里就不再做详细介绍。

② 工具条：将编程软件最常用的操作以按钮形式设定到工具条，提供简便的鼠标操作。

③ 引导条：在编程过程中，引导条提供窗口快速切换的功能。引导条中有 7 种组件，具体组成及功能如表 1-7 所示。

④ 指令树：提供编程所用到的所有命令和 PLC 指令的快捷操作。

⑤ 状态条：也称任务栏，用来显示软件执行情况，编辑程序时显示光标所在的网络号、行号和列号，运行程序时显示运行的状态、通信波特率、远程地址等信息。

⑥ 用户窗口：可以用梯形图、指令表或功能表图等编写和修改用户程序。

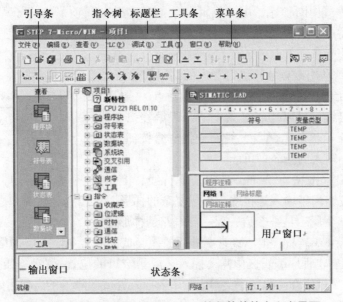

图 1-7　STEP 7-Micro/WIN V4.0 编程软件的中文主界面

表 1-7　　　　　　　　　　　　　　引导条的组成及功能

名称	功　　能
程序块	由可执行的程序代码和注释组成
符号表	用来建立自定义符号与直接地址间的对应关系，并可附加注释，使得用户能够用具有实际意义的符号作为编程元件，增加程序的可读性
状态表	用于联机调试时监视各变量的状态和当前值。使用时只需在地址栏中写入变量地址，在数据格式栏中标明变量类型
数据块	可以对变量寄存器 V 进行初始数据的赋值或修改，并可附加必要的注释
系统块	主要用于系统组态。主要包括设置数字量/模拟量输入滤波、设置脉冲捕捉、配置输出表、定义存储器保持范围、设置密码和通信参数等
交叉索引	可以提供交叉索引信息、字节使用和位使用情况信息，使得 PLC 资源的使用情况一目了然。只有在程序编辑完成后，才能看到交叉索引表的内容
通信	用来建立计算机与 PLC 之间的通信连接，以及进行通信参数的设置和修改

⑦ 输出窗口：用来显示程序的编译结果信息以及编译之后检测到的错误信息。可以双击错误信息，光标会自动移到有编译错误的网络。

（2）程序编写及下载

① 新建程序：可以用"文件"菜单中的"新建"项新建一个程序；也可以打开已有的程序，用"文件"菜单中的"打开"命令；或者从 PLC 上载程序，在与 PLC 建立通信的情况下，可以将存储在 PLC 中的程序和数据传送给计算机，可用"文件"菜单中的"上载"命令来完成文件的上载。

用户可以根据实际编程的需要修改新建程序的初始设置。

a. 确定 PLC 的 CPU 型号，用"PLC"菜单中的"类型"项来选择 PLC 型号。

b. 程序更名，可用"文件"菜单中"另存为"项。程序块中主程序的名称一般默认为"MAIN"，任何程序都只有一个主程序。对子程序和中断程序更名，可在指令树窗口中右击需要更名的子程序或中断程序名，在弹出的选择按钮中单击"重命名"。

c. 添加子程序或中断程序，用"编辑"菜单中"插入"项下的"子程序"或"中断程序"来实现。新生成的子程序或中断程序会根据已有的子程序或中断程序的数目自动递增编号，用户可将其更名。

② 编辑程序：利用编程软件进行程序的编辑和修改一般采用梯形图。

a. 输入编程元件：梯形图的编程元件有触点、线圈、指令盒、标号及连接线。可以用工具条上的一组编程按钮进行编程，如图 1-8 所示。单击触点、线圈或指令盒按钮，从弹出的窗口中选择要输入的指令即可。

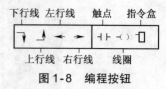

图 1-8　编程按钮

工具条中的编程按钮有 7 个，其中，下行线、上行线、左行线和右行线按钮用于输入连接线，形成复杂的梯形图；触点、线圈和指令盒按钮用于输入编程元件。图 1-9 所示是一个启—保—停电路的梯形图。

b. 插入和删除：编辑程序时，经常要进行插入（或删除）行、列、网络、子程序或中断程序的操作。可以右击程序编辑区中需要插入（或删除）的位置，在弹出的菜单中选择"插入"（或"删除"），继续在弹出的子菜单中单击要插入（或删除）的选项，如图 1-10 所示。

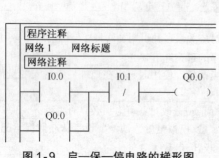

图 1-9　启—保—停电路的梯形图

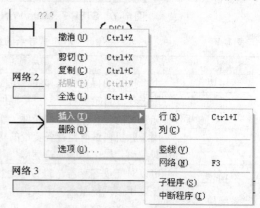

图 1-10　插入或删除操作

c. 块操作：包括块选择、块剪切、块删除、块复制和块粘贴，可方便实现对程序的移动、复制和删除操作。

d. 编辑符号表：单击引导条中"符号表"图标进入符号表窗口，如图 1-11 所示。单击单元格可进行符号名、直接地址、注释的输入。图 1-11 中所示的直接地址编号在编写了符号表后，经编译可形成如图 1-12 所示的结果。

		符号	地址	注释
1		启动	I0.0	启动按钮
2		停止	I0.1	停止按钮
3				
4				

图 1-11　"符号表"窗口

要想在梯形图中显示符号，可选中"视图（View）"菜单中的"符号寻址"项。反之，要在梯形图中显示直接地址，则取消"符号寻址"项。

e. 添加注释：编辑器中的"网络 n"表示每个网络，也是标题栏，可在此为每个网络添加标题或注释说明。

f. 切换编程语言：STEP 7 - Micro/WIN V4.0 编程软件可方便地进行 3 种编程语言间的相互切换。在"视图"菜单中单击"STL"、"LAD"或"FBD"，即可进入相应的编程环境。

g. 编译程序：程序编辑完成后，可用"PLC"菜单中的"编译"命令，或工具栏中的"编译"按钮进行离线编译。编译结束后，将在输出窗口中显示编译结果。

③ 下载程序：程序只有在编译正确后才能下载到计算机中。下载前，PLC 必须处于"STOP"状态。如果不在"STOP"状态，可单击工具条中"停止"按钮，或将 CPU 模块上的方式选择开关直接扳到"停止"位置。

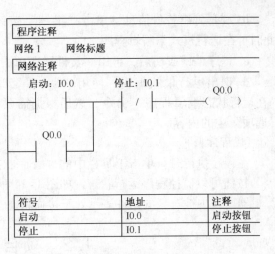

图 1-12　用符号表编程

符号	地址	注释
启动	I0.0	启动按钮
停止	I0.1	停止按钮

注意：为了使下载的程序能正确执行，下载前应将 PLC 中存储的原程序清除。单击"PLC"菜单项中的"清除"命令即可。

（3）程序调试及监控

STEP 7 - Micro/WIN V4.0 编程软件允许用户在软件环境下直接调试并监控程序的运行。

① 选择扫描次数：监视用户程序的执行时，可选择单次或多次扫描。先将 PLC 的工作方式设为"STOP"，使用"调试"菜单中的"多次扫描"或"初次扫描"命令。在选择多次扫描时，要指定扫描的次数。

② 用状态图监控程序：STEP 7 - Micro/WIN V4.0 编程软件可以使用状态图来监视用户程序的执行情况，并可对编程元件进行强制操作，其中，强制操作这里就不再细述了。

使用状态表，在引导条窗口中单击"状态表"图标，或使用"调试"菜单中的"状态表"命令就可打开状态表窗口，如图 1-13 所示。

状态表

	地址	格式	当前值	新值
1	停止:I0.1	位		
2		有符号		
3		有符号		
4		有符号		
5		有符号		

图 1-13　"状态表"窗口

在状态表的"地址"栏中键入要监控的编程元件的直接地址（或用符号表中的符号名称），在"格式"栏中显示编程元件的数据类型，在"当前值"栏中可读出编程元件的状态当前值。

③ 运行模式下编辑程序：在运行模式下，可以对用户程序做少量修改，修改后的程序一旦下载将立即影响系统的运行。可进行这种操作的 PLC 有 CPU 224 和 CPU 226 两种。操作顺序如下。

a. 在运行模式下，选择"调试"菜单中"在运行状态编辑程序"命令。运行模式下只能对主机中的程序进行编辑，当主机中的程序与编程软件中的程序不同时，系统会提示用户存盘。

b. 屏幕弹出警告信息，单击"继续"按钮，PLC 主机中的程序将被上载到编程窗口，此时可在运行模式下编辑程序。

c. 程序编译成功后，可用"文件"菜单中的"下载"命令将程序下载到 PLC 主机。

d. 退出运行模式编辑。使用"调试"菜单中"在运行状态编辑程序"命令，然后根据需要选择"选项"中的内容。

④ 程序监控

在程序执行时，单击工具栏中的"程序状态监控"按钮可以监控程序运行状态。如图 1-14 所示，编辑器窗口中被点亮的元件表示处于接通状态。

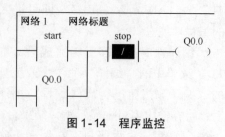

图 1-14　程序监控

1.2　项目基本知识

知识点一　PLC 的基本工作原理

PLC 是一种工业控制计算机，它的工作原理与计算机的工作原理基本一致，都是在系统程序的管理下，通过运行应用程序完成用户任务。图 1-15 所示是用 PLC 实现电动机运行的控制电路。输入信号按钮连接在 PLC 的输入端，PLC 中的程序负责执行用户程序，PLC 的输出端连接到接触器来控制电动机的动作。

PLC 采用循环扫描工作方式执行程序。PLC 执行程序的过程分为 3 个阶段：输入处理阶段、程序执行阶段和输出处理阶段，如图 1-16 所示。

① 输入处理阶段：又称为输入采样阶段，在此阶段，PLC 扫描所有的输入端子，读取输入端的状态并存入相应的输入映像寄存器中。完成输入端的扫描后，关闭输入端口，进入程序执行阶段。在程序执行期间，即使输入状态发生变化，输入状态寄存器的内容也不会改变，只有在下一个扫描周期的输入采样阶段才能重新读入。

② 程序执行阶段：在此阶段 PLC 按照"先左后右，先上后下"的顺序扫描执行每一条用户

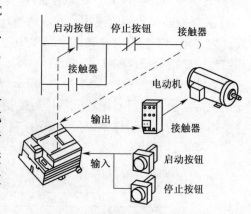

图 1-15　电动机运行的 PLC 控制

程序。执行程序时所用到的输入、输出变量从相应的输入、输出状态寄存器中取出，按照程序进行处理，并将处理结果写入输出状态寄存器（元件映像寄存器）中。

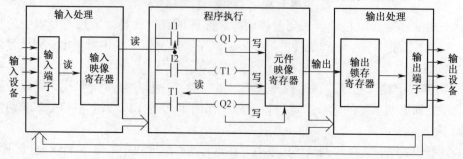

图 1-16　PLC 的工作过程图

③ 输出处理阶段：又称为输出刷新阶段。当所有程序执行完毕后，将输出状态寄存器中的内容依次送到输出锁存寄存器中，通过隔离电路，驱动外部负载工作。

由此可见，PLC 是通过周期性循环扫描，并采取集中采样和集中输出的方式执行用户程序，这与计算机的工作方式稍有不同。计算机在工作过程中，如果输入条件不满足，程序将等待直到条件满足才继续执行；而 PLC 在条件不满足时，程序仍然执行，它是依靠不断地循环扫描，一次次输入采样来获得输入变量的。因而会造成输入和输出响应的滞后，在一定程度上降低系统的响应速度，但由于 PLC 的一个工作周期仅为数十毫秒，所以这种很短的滞后时间对一般的工业控制系统影响不大。

知识点二　PLC 的编程语言

PLC 为用户提供了完整的编程语言，以适应 PLC 在工业现场中的控制需求。PLC 提供的常用编程语言有梯形图、指令表、功能块图和顺序功能图等。PLC 的编程语言简单，特别是梯形图语言，易写易读。

1. **梯形图**（LAD）

梯形图是从继电器控制系统原理图的基础上演变而来的，具有直观、清晰的特点，因而在逻辑顺序控制系统中得到广泛的应用。

如图 1-17 所示，梯形图由若干个网络组成，按照“从上到下、从左到右”的顺序排列。左边的垂直线称为“母线”（有的梯形图有左右两条垂直母线），由母线提供“能流”，“能流”从左到右流经触点和线圈。需要强调的是，引入“能流”的概念只是帮助我们理解梯形图各输出点的动作，实际上并不存在这种“能流”。

梯形图由触点（如 I0.1）、线圈（如 Q0.0）等软元件组成。触点代表逻辑“输入条件”，如开关、按钮等，线圈代表逻辑“输出结果”，用来控制外部的指示灯和交流接触器等。当触点 I0.1（常开触点）闭合时，线圈 Q0.0 通电；当触点 I0.2（常闭触点）断开时，线圈 Q0.0 失电。

2. **指令表**（STL）

指令表也是一种常用的 PLC 编程语言。它用一系列的指令表达程序的控制要求。一条指令通常由指令助记符和器件编号两部分组成。指令表常用于手持编程器，通过输入助记符在生产现场编制、调试程序。指令表与梯形图有对应的关系，图 1-18 所示就是图 1-17 相应的指令表形式。

图 1-17　PLC 梯形图

网络1　网络标题

网络注释

```
LD      I0.1
O       Q0.0
AN      I0.2
=       Q0.0
```

网络2

```
LD      I0.3
=       Q0.1
```

图 1-18　PLC 指令表

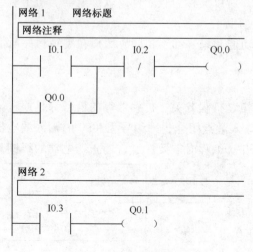

3. 功能块图 (FBD)

功能块图是一种类似于数字逻辑门电路的编程语言。它使用类似"与门"、"或门"的方框来表示逻辑运算关系，方框的左侧为输入变量，右侧为输出变量，输入、输出端的小圆圈表示"非"运算，方框由"导线"连接在一起，信号方向从左到右。功能块图与梯形图也有对应的关系，图 1-19 所示就是图 1-17 相应的功能块图。

4. 顺序功能图 (SFC)

顺序功能图又称为状态转换图。它是描述控制系统的控制过程、功能和特性的一种图形。使用它可以对并发、选择等复杂结构的系统进行编程，特别适用于复杂的顺序控制系统。

如图 1-20 所示，顺序功能图包括 3 个主要元素：工作步（状态）、转换和动作。一个完整的控制过程可以分成若干个状态，各状态具有不同动作，状态之间有一定的转换条件，条件满足则状态转换，上一个状态结束则下一个状态开始。根据它可以很容易地写出对应的梯形图。

顺序功能图使程序结构清晰，易于阅读及维护，减轻了编程的工作量，缩短了编程和调试的时间。

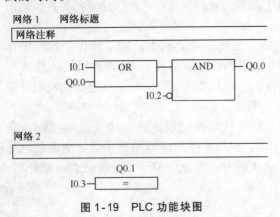

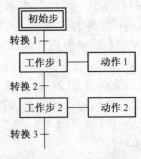

图 1-19　PLC 功能块图　　　　　　　图 1-20　PLC 顺序功能图

知识点三　PLC 中的重要软继电器

PLC 内部有很多具有不同功能的编程元件，如输入继电器、输出继电器、定时器、计数器等，它们不是物理意义上的实物继电器，而是由电子电路和存储器组成的虚拟器件，其图形符号和文字符号与传统的继电器符号也不相同，所以又称为软元件或软继电器。每个软元件都有无数对常开/常闭触点，供 PLC 内部编程使用。

不同厂家、不同系列的 PLC，其软继电器的功能和编号都不相同，用户在编写程序时必须熟悉所选用 PLC 的软继电器的功能和编号。

1. 输入继电器 (I)

输入继电器用于接收外部的开关信号，如按钮、行程开关、传感器等的信号都是通过输入继电器接到 PLC 的。如图 1-21 所示，当外部输入触点闭合，则编号为 I0.0 的输入继电器线圈得电，程序中的常开触点闭合，常闭触点断开。编程时需要注意，输入继电器的线圈只能由外部信号来驱动，不能在程序内用指令驱动。

2. 输出继电器 (Q)

输出继电器用于将程序执行的结果传送到负载。如图 1-22 所示，当程序驱动输出继电器线圈 Q0.0 得电时，PLC 上的输出触点闭合，作为控制外部负载的

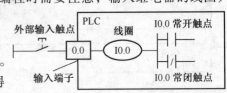

图 1-21　输入继电器电路

开关信号。同时在程序中输出继电器的常开触点闭合，常闭触点断开。输出继电器线圈只能使用程序指令驱动。

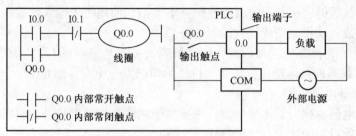

图 1-22　输出继电器电路

输入继电器和输出继电器都与用户有联系，是 PLC 与外部联系的窗口。

3．辅助继电器（M）

PLC 中有很多辅助继电器，其功能相当于继电器控制电路中的中间继电器，它在 PLC 中没有外部的输入端子或输出端子与之对应，因而它不接受外部信号的直接控制，其触点也不能直接驱动外部负载。这是与输入继电器和输出继电器的主要区别。辅助继电器主要用来在逻辑运算中存放一些中间操作信息。

4．特殊继电器（SM）

特殊继电器用于在系统程序和用户之间交换信息，为用户提供一些特殊的控制功能和系统信息。例如，可以读取程序运行过程中的设备状态和运算结果，实现一些特殊的控制动作，如高速计数和中断等，也可以通过直接设置某些特殊继电器位使设备实现某种功能。常用的特殊继电器功能如表 1-8 所示。

表 1-8　　　　　　　　　　　常用的特殊继电器

名称	功　　能	名称	功　　能
SM0.0	该位始终为 1，用作 RUN 方式监控	SM1.0	操作结果为 0 时置位
SM0.1	首次扫描为 1，常用作初始化脉冲	SM1.1	结果溢出或非法数值时置位
SM0.2	保持数据丢失时为 1，可用作出错处理	SM1.2	结果为负数时置位
SM0.3	开机进入 "RUN" 方式，接通一个扫描周期	SM1.3	试图除以 0 时置位
SM0.4	时钟脉冲：30s 闭合/30s 断开	SM1.4	执行 ATT 指令，超出表范围时置位
SM0.5	时钟脉冲：0.5s 闭合/0.5s 断开	SM1.5	从空表中读数时置位
SM0.6	时钟脉冲：闭合 1 个扫描周期/断开 1 个扫描周期	SM1.6	BCD 到二进制转换出错时置位
SM0.7	开关位置在 "RUN" 位置时为 1，在 "TERM" 位置时为 0，常用于自由口通信处理中	SM1.7	ASCⅡ到十六进制转换出错时置位

5．定时器（T）

PLC 的内部定时器相当于继电器系统中的时间继电器，可在程序中用于延时控制。延时依靠时基脉冲实现，S7-200 PLC 的时基有 1ms、10ms、100ms 3 种，使用时先输入时间预设值，当达到定时器所设定的时间值，输出触点动作，满足各种定时逻辑控制的需要。

S7-200 提供了 3 种类型的定时器：接通延时定时器（TON）、有记忆接通延时定时器（TONR）和断开延时定时器（TOF）。定时器的具体使用方法在项目二的知识点一中有详细介绍。

6. 计数器（C）

计数器用于累计输入脉冲的次数，在实际应用中可以对产品进行计数或者完成复杂的逻辑控制任务。计数器的使用与定时器的使用基本类似，使用时先输入计数设定值，当达到计数设定值时，计数器动作，完成计数控制任务。

S7-200 提供了 3 种类型的计数器：增计数器（CTU）、减计数器（CTD）和增/减计数器（CTUD）。计数器的具体使用方法在项目二的知识点一中有详细介绍。

7. 顺序控制继电器（S）

顺序控制继电器也称为状态继电器，主要用于顺序控制或者步进控制中。有关顺序控制继电器的使用在项目四的知识点二中有详细介绍。

除了以上介绍的 7 种软继电器外，S7-200 还提供了变量存储器（V）、局部存储器（L）、模拟量输入/输出映像寄存器（AI/AQ）、累加器（AC）和高速计数器（HC）。这里就不再一一介绍。

项目学习评价

一、思考练习题

1. 简述 PLC 的定义。
2. PLC 主要应用在哪些领域？
3. PLC 内部硬件结构由哪几部分组成？
4. PLC 中常用的存储器有哪几种？它们各有什么特点？分别用于存储什么信息？
5. 简述开关量输入/输出接口的作用、分类和特点。
6. PLC 中 CPU 芯片有哪些作用？
7. 简述 PLC 的扫描周期过程。
8. PLC 的常用编程语言有哪几种？

二、学习过程记录单

通过对本项目的学习和教师的讲解，学生将已理解的内容（要点）和有所不解并需要教师指导的问题详细地填入下表，并上交。

学习过程记录单

项目一	PLC 的认知				
班　级		姓　名		计划完成学时	
组　别		小组人员		实际完成学时	
学习内容	学习的内容		掌握程度（学生填写）		
			好	一般	差
基本理论	① PLC 的定义				
	② PLC 的外部结构				
	③ PLC 的系统组成及各部分的功能				
	④ PLC 的基本工作原理				
	⑤ PLC 的重要软继电器				
实操技能	① S7-200 软件的安装				
	② S7-200 软件的使用				
实操记录					
教师点评					

三、个人学习总结

成功之处	
不足之处	
改进方法	

项目二　三相异步电动机的 PLC 控制

项目情境创设

各行各业所广泛使用的电气设备和生产机械中，其自动控制线路大多以各类电动机或者其他执行电器为被控对象。而三相异步电动机的各种控制电路，是工业控制系统中最为普遍使用的基本组成部分，下面我们就来学习有关三相异步电动机的 PLC 控制技术。

项目学习目标

	项目教学目标	教学方式	学时
技能目标	① 掌握基本控制线路的 I/O 分配 ② 掌握基本控制线路的 PLC 外部接线 ③ 掌握基本控制线路的编程方法	学生实际练习，教师指导安装、编程和调试	8
知识目标	① 掌握 PLC 的基本指令 ② 掌握 PLC 的基本编程规则 ③ 掌握继电器控制线路转换为 PLC 的编程方法	教师讲授重点：PLC 的基本指令及编程规则	8

项目基本功

2.1　项目基本技能

任务一　电动机的点动与连续运行控制

任务要求：用 PLC 实现三相异步电动机的点动与连续运行控制。

机械设备（如机床）在调整刀架、试车时，吊车在定点放落重物时，常常需要电动机短时的断续工作。即按下启动按钮，电动机就得电运转；松开按钮，电动机就失电停转。这就是电动机的点动控制。点动与连续运行控制线路原理图如图 2-1 所示。

1. 列出 I/O 分配表

根据原理图，可以列出 PLC 控制 I/O 口元件地址分配表，如表 2-1 所示。

2. 画出 PLC 的外部接线图

根据 I/O 分配表，画出 PLC 外部接线图，如图 2-2 所示。

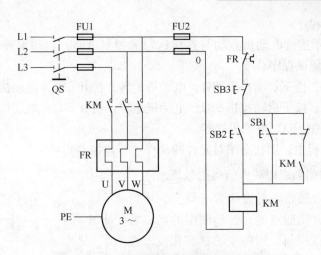

图 2-1　点动与连续运行控制线路原理图

表 2-1　　　　　　　　　　输入/输出地址分配表

输　　入		输　　出	
输入元件	地址	输出元件	地址
点动按钮 SB1	I0.0	接触器线圈 KM	Q0.0
启动按钮 SB2	I0.1		
停止按钮 SB3	I0.2		
热继电器 FR	I0.3		

3. 编写 PLC 梯形图程序

根据电路的工作原理以及 PLC 的 I/O 分配,可以编写出由 PLC 控制的电动机点动与连续运行控制程序,梯形图程序如图 2-3 所示。

其中,图 2-3 (b) 程序采用了辅助继电器 M,其功能相当于继电器控制电路中的中间继电器,它在 PLC 中没有外部的输入或输出端子与之对应,但是在程序执行过程中能够完成中间逻辑变量的运算转换。通过 M0.0 将连续运行状态与点动控制信号 I0.0 进行“或”处理后,控制 Q0.0 的输出状态。

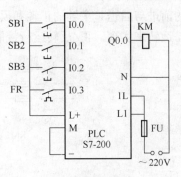

图 2-2　点动与连续运行控制线路外部接线图

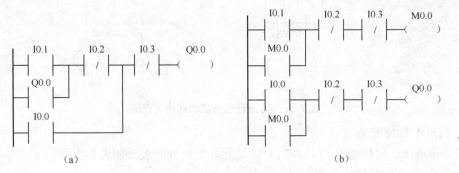

(a)　　　　　　　　　　　　(b)

图 2-3　电动机的点动与连续运行控制程序

4. 运行并调试程序

按照图 2-2 所示连接电动机点动与连续运行的控制电路，启动编程软件，将程序下载到 PLC 中，运行并调试程序。

① 在停止状态，按下点动按扭 SB1，电动机运转；松开 SB1，电动机停止。

② 在停止状态，按下启动按扭 SB2，电动机运转；松开 SB2，电动机仍保持运转。

③ 按下停止按钮 SB3，电动机停转。

④ 运行调试过程中，用状态图对元件的动作进行监控并记录。

知识拓展 常闭触点的输入信号的处理

PLC 外部的输入触点既可以接常开触点，也可以接常闭触点。接常闭触点时，梯形图中的触点状态与继电器—接触器控制原理图中的状态相反。在图 2-2 中，若热继电器 FR 的触点 I0.3 改为常闭触点，则相应的梯形图程序则有所不同，如图 2-4 所示。

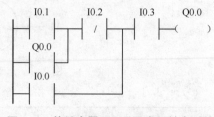

图 2-4 热继电器 FR 采用常闭触点时的点动与连续运行控制程序

一般，PLC 的输入信号触点优先采用常开触点，这样有利于梯形图编程和进行原理分析。但在实际控制线路中，停止按钮、限位开关和热继电器等要使用常闭触点，以提高安全保障。

任务二 电动机的正/反转控制

任务要求：用 PLC 实现三相异步电动机的正/反转控制。

在生产过程中，有许多生产机械要求运动部件可以正、反两个方向运动，如机床工作台的前进与后退、主轴的正转和反转、起重机的上升和下降等，这就要通过电动机的正、反双向运转来实现。正/反转运行控制线路原理图如图 2-5 所示。

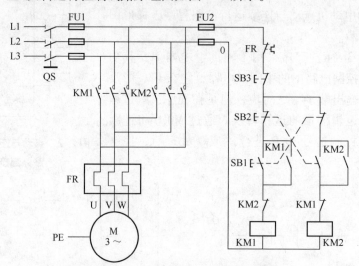

图 2-5 正/反转运行控制线路原理图

1. 列出 I/O 分配表

根据原理图，可以列出 PLC 控制 I/O 口元件地址分配表，如表 2-2 所示。

2. 画出 PLC 的外部接线图

根据 I/O 分配表，画出 PLC 外部接线图，如图 2-6 所示。

表2-2　　　　　　　　　　　　　输入/输出地址分配表

输　入		输　出	
输入元件	地址	输出元件	地址
正转按钮 SB1	I0.0	正转接触器 KM1	Q0.0
反转按钮 SB2	I0.1	反转接触器 KM2	Q0.1
停止按钮 SB3	I0.2		
热继电器 FR	I0.3		

3. 编写 PLC 梯形图程序

根据电路的工作原理以及 PLC 的 I/O 分配，可以编写出由 PLC 控制的电动机正/反转运行程序，梯形图程序如图 2-7 所示。

程序（a）中使用了脉冲指令，这是为了减轻正/反转换向瞬间电流对电动机的冲击，适当延长变换过程，即在正向运转状态时，如果按下反转按钮，先停止正转，延迟片刻松开反转按钮时，再接通反转，反转转为正转时的过程与此相同。程序（b）采用了 R、S 指令，试比较两种编程方法的不同。

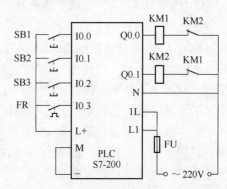

图 2-6　正/反转运行控制线路外部接线图

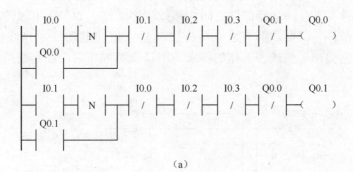

（a）

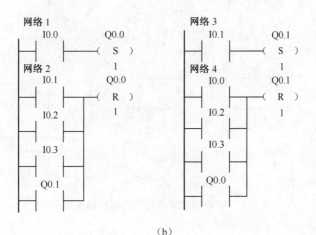

（b）

图 2-7　电动机的正/反转运行控制程序

4. 运行并调试程序

按照图 2-6 所示连接电动机正/反转运行的控制电路,启动编程软件,将程序下载到 PLC 中,运行并调试程序。

① 在停止或反转状态,按下按扭 SB1,电动机正转。

② 在停止或正转状态,按下按扭 SB2,电动机反转。

③ 按下按钮 SB3,电动机停转。

④ 运行调试过程中,用状态图对元件的动作进行监控并记录。

知识拓展　正/反转控制中软互锁的意义

图 2-5 所示为采用了双重互锁的正/反转控制电路,这是由于在正/反转控制电路中,正转接触器 KM1 和反转接触器 KM2 的主触点不能同时闭合,否则将造成两相电源短路的严重事故。该电路结合了接触器互锁和按钮互锁的优点,是一种比较完善的既能实现正/反转直接启动的要求,又具有较高安全可靠性的控制电路。

除了外部的硬件互锁之外,在梯形图程序中,还要求输入继电器 I0.0 和 I0.1 之间相互构成互锁,以及两个输出继电器 Q0.0 和 Q0.1 之间相互构成互锁,这种互锁称为"软互锁"保护,同样增加了电路运行的安全与可靠性。

任务三　电动机的顺序启动控制

任务要求:用 PLC 实现三相异步电动机的顺序启动控制。要求按下启动按钮,第一台电动机 M1 启动,运行 5s 后,第二台电动机 M2 启动。按下停止按钮,两台电动机全部停止。在启动过程中,指示灯 HL 闪烁,在运行过程中,指示灯常亮。

生产实践中常要求各种运动部件之间能够按顺序工作。如车床主轴转动时要求油泵先给齿轮箱提供润滑油,即要求润滑泵电动机启动后主拖动电动机才允许启动,也就是控制对象对控制线路提出了按顺序工作的要求。电动机的顺序启动控制线路原理图如图 2-8 所示。

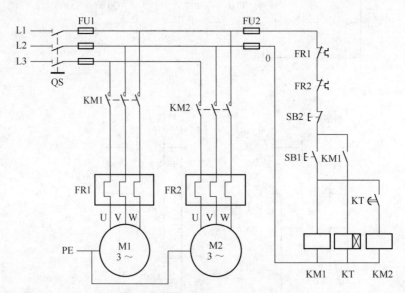

图 2-8　电动机的顺序启动控制线路原理图

1. 列出 I/O 分配表

根据原理图,可以列出 PLC 控制 I/O 口元件地址分配表,如表 2-3 所示。

表2-3   输入/输出地址分配表

输　　　入		输　　　出	
输入元件	地址	输出元件	地址
启动按钮 SB1	I0.0	指示灯 HL	Q0.0
停止按钮 SB2	I0.1	电动机 M1 的接触器 KM1	Q0.1
热继电器 FR1	I0.2	电动机 M2 的接触器 KM2	Q0.2
热继电器 FR2	I0.3		

2. 画出 PLC 的外部接线图

根据 I/O 分配表，画出 PLC 外部接线图，如图 2-9 所示。

3. 编写 PLC 梯形图程序

根据电路的工作原理以及 PLC 的 I/O 分配，可以编写出由 PLC 控制的电动机顺序启动控制程序，梯形图程序如图 2-10 所示。

程序中使用了特殊继电器 SM0.5，能够产生指示灯闪烁的效果。

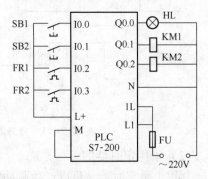

图 2-9　顺序启动控制线路外部接线图

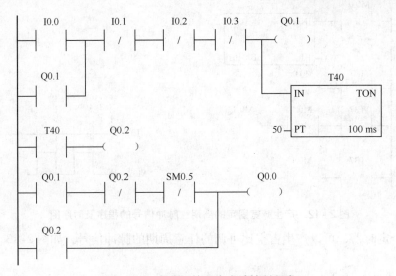

图 2-10　电动机的顺序启动控制程序

4. 运行并调试程序

按照图 2-9 所示连接电动机顺序启动的控制电路，启动编程软件，将程序下载到 PLC 中，运行并调试程序。

① 在停止状态，按下启动按扭 SB1，电动机 M1 启动并保持运转，T40 开始计时，指示灯闪烁。

② 计时时间到，启动电动机 M2，指示灯常亮。

③ 按下停止按钮 SB2，两台电动机同时停转，指示灯熄灭。

　知识拓展　脉冲产生程序的编写

脉冲产生程序可以做成闪烁电路，这种电路在报警、娱乐场合应用广泛。脉冲产生程序可以采用特殊继电器 SM 或者定时器来编写。

（1）采用特殊继电器的编写方法

在项目一中提到，可以通过直接设置某些特殊继电器位，使得设备能够实现某种特殊的功能。如 SM0.4、SM0.5 可以分别产生占空比为 1/2，脉冲周期为 1min 和 1s 的脉冲周期信号，如图 2-11（a）所示。如图 2-11（b）中所示，Q0.0 和 Q0.1 能够分别产生周期为 1min 和 1s 的脉冲信号。

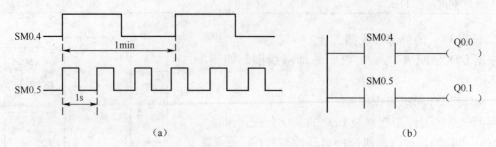

图 2-11 特殊继电器 SM0.4、SM0.5 的波形及应用

（2）采用定时器的编写方法

利用 1 个定时器，可以产生脉冲宽度固定的周期性脉冲信号，如图 2-12 所示。

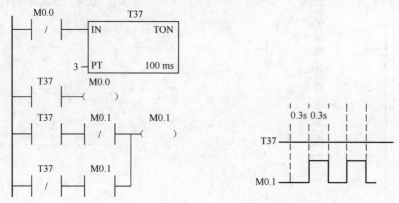

图 2-12 产生脉宽固定的周期性脉冲信号的程序及时序图

利用两个定时器，可以产生占空比可调的任意周期的脉冲信号，如图 2-13 所示。

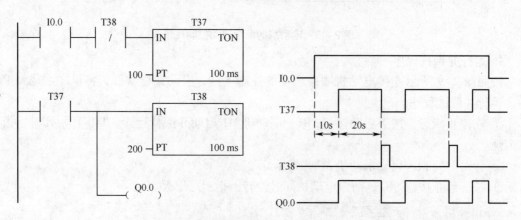

图 2-13 产生任意周期脉冲信号的程序及时序图

当 I0.0 接通时，T37 开始计时，T37 定时 10s 时间到，T37 常开触点闭合，Q0.0 接通，T38 开始计时；T38 定时 20s 时间到，T38 常闭触点断开，T37 复位，Q0.0 断开，T38 复位。T38 常闭触点闭合，T37 再次接通延时。因此，输出继电器 Q0.0 输出周期性通电 20s，断电 10s 的脉冲信号。

任务四　电动机的星—三角启动控制

任务要求： 用 PLC 实现三相异步电动机的星—三角启动控制。要求按下启动按钮后，电动机以星形方式接通运行，运行 5s 后，转换为三角形运行，同时指示灯 HL 以 2 次/秒的频率闪烁，闪烁 7 次后自动熄灭。按下停止按钮，电动机停转。

三相异步电动机在启动过程中，启动电流较大，所以容量大的电动机必须采取一定的方式启动。星—三角启动是一种简单方便、应用广泛的降压启动方式，即在启动时，将定子绕组接成星形，待启动完毕后，再接成三角形，就可以降低启动电流，减轻它对电网的冲击。星—三角启动控制线路原理图如图 2-14 所示。

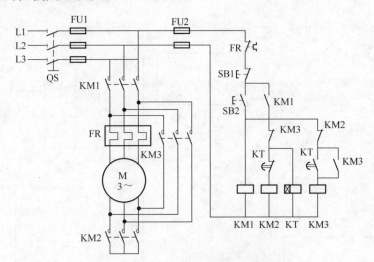

图 2-14　星—三角启动控制线路原理图

1. 列出 I/O 分配表

根据原理图，可以列出 PLC 控制 I/O 口元件地址分配表，如表 2-4 所示。

表 2-4　　　　　　　　　　　　　　输入/输出地址分配表

输　入		输　出	
输入元件	地址	输出元件	地址
停止按钮 SB1	I0.0	主控接触器线圈 KM1	Q0.0
启动按钮 SB2	I0.1	星形接触器线圈 KM2	Q0.1
热继电器 FR	I0.2	三角形接触器线圈 KM3	Q0.2
		指示灯 HL	Q0.3

2. 画出 PLC 的外部接线图

根据 I/O 分配表，画出 PLC 外部接线图，如图 2-15 所示。

3. 编写 PLC 梯形图程序

根据电路的工作原理以及 PLC 的 I/O 分配，可以编写出由 PLC 控制的电动机星—三角启动运行程序，梯形图程序如图 2-16 所示。

程序采用了计数器来记录指示灯闪烁的次数。由于计数器的动作时间是在达到设定值的瞬间，因此要求计数器累计指示灯闪烁 7 次时，需要将计数器的设定值设定为 8。在调试程序时，可以试着改变计数器的设定值，观察灯闪烁的次数。

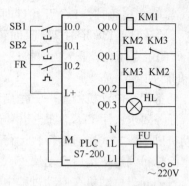

4. 运行并调试程序

按照图 2-15 连接电动机星—三角启动运行的控制电路，启动编程软件，将程序下载到 PLC 中，运行并调试程序。

① 在停止状态，按下启动按扭 SB2，电动机以星形方式运转，定时器开始计时。

图 2-15　星—三角启动控制线路外部接线图

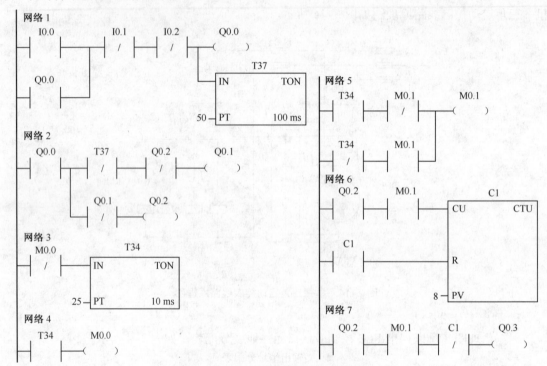

图 2-16　星—三角启动运行控制程序

② 计时时间到，电动机由星形切换为三角形方式运转。

③ 按下停止按钮 SB1，电动机停转。

④ 模拟电动机过载，将热继电器 FR 的触点断开，电动机停转。

⑤ 运行调试过程中，用状态图对元件的动作进行监控并记录。

> **知识拓展　电动机星—三角降压启动的工作原理**

按下启动按钮 SB2，KM1 线圈得电，KM1 的主触点闭合，辅助触点 KM1 闭合形成自锁，同时 KM2 线圈经 KT 常闭触点、KM3 常闭触点得电，KM2 的主触点闭合，电动机接为星形，降压启动。

时间继电器 KT 延时结束，其常闭触点断开，常开触点闭合，KM2 线圈失电，解除星形连接，KM3 线圈得电，KM3 的主触点闭合，KM3 的辅助触点闭合形成自锁，电动机接为三角形全压运行。

按下停止按钮 SB1，电动机停止运行。

2.2　项目基本知识

知识点一　S7-200 系列 PLC 的基本指令

S7-200 系列 PLC 的指令包括基本的逻辑控制类指令和完成特殊任务的功能指令。

1. 逻辑取及线圈驱动指令（见表 2-5）

表 2-5　　　　　　　　　　　　逻辑取及线圈驱动指令

指令符号及名称	功　能	示　例
LD（LOAD）：取指令	用于网络块逻辑运算开始的常开触点与左母线连接	梯形图　　　　　　　语句表 I0.0　　　Q0.0　　　LD　　I0.0 —| |——( )　　　=　　　Q0.0
LDN（LOAD NOT）：取反指令	用于网络块逻辑运算开始的常闭触点与左母线连接	I0.1　　　M0.1　　　LDN　　I0.1 —|/|——( )　　　=　　　M0.1
=（OUT）：线圈驱动指令	是线圈输出指令，输出逻辑运算结果	

2. 触点串联指令（见表 2-6）

表 2-6　　　　　　　　　　　　触点串联指令

指令符号及名称	功　能	示　例
A（AND）：逻辑"与"指令	用于单个常开触点的串联连接	梯形图　　　　　　　　语句表 I0.1　　I0.2　　Q0.1　　LD　　I0.1 —| |——| |——( )　　A　　I0.2 　　　　　　　　　　　=　　Q0.1
AN（AND NOT）：逻辑"与非"指令	用于单个常闭触点的串联连接	I0.3　　I0.4　　Q0.2　　LD　　I0.3 —| |——|/|——( )　　AN　　I0.4 　　　　　　　　　　　=　　Q0.2

3. 触点并联指令（见表 2-7）

表 2-7　　　　　　　　　　　　触点并联指令

指令符号及名称	功　能	示　例
O（OR）：逻辑"或"指令	用于单个常开触点的并联连接	梯形图　　　　　　　语句表 I0.1　　　Q0.1　　　LD　　I0.1 —| |——( )　　　O　　I0.2 I0.2　　　　　　　　=　　Q0.1 —|	
ON（OR NOT）：逻辑"或非"指令	用于单个常闭触点的并联连接	I0.3　　　Q0.2　　　LD　　I0.3 —| |——( )　　　ON　　I0.4 I0.4　　　　　　　　=　　Q0.2 —|/|

4. 置位、复位指令（见表2-8）

表2-8　　　　　　　　　　　　　　　置位、复位指令

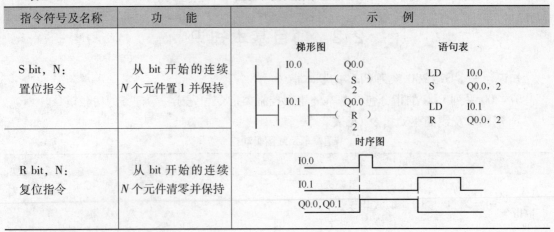

指令符号及名称	功　能	示　例
S bit, N: 置位指令	从 bit 开始的连续 N 个元件置1并保持	
R bit, N: 复位指令	从 bit 开始的连续 N 个元件清零并保持	

需要说明的是：

（1）R、S指令具有"记忆"功能，当使用S指令时，其线圈具有自保持功能，当使用R指令时，自保持功能消失；

（2）当一对R、S指令被同时接通时，编写顺序在后的指令执行有效。

5. 边沿脉冲指令（见表2-9）

表2-9　　　　　　　　　　　　　　　边沿脉冲指令

指令符号及名称	功　能	示　例
EU: 脉冲上升沿指令	在上升沿产生 一个周期脉冲	
ED: 脉冲下降沿指令	在下降沿产生 一个周期脉冲	

6. 定时器指令

（1）定时器的分类

定时器按照工作方式可以分为通电延时型（TON）、有记忆的通电延时型（TONR）和断电延时型（TOF）3 种类型。

按照时间基准可以分为 1ms、10ms、100ms 3 种类型。时间基准又称为定时精度和分辨率。不同时间基准的定时器，其定时精度、定时范围和刷新方式不同。

1ms 定时器每隔 1ms 刷新一次，定时器刷新与扫描周期和程序处理无关。扫描周期大于 1ms 时，定时器一个周期内被多次刷新（多次改变当前值）。

10ms 定时器在每个扫描周期开始时刷新，每个扫描周期内，当前值不变。

100ms 定时器在定时器指令执行时被刷新，下一条执行的指令即可使用刷新后的结果，使用方便可靠。如果不是每个周期都执行定时器指令（如条件跳转时），定时器的当前值就不能及时刷新，会造成时间丢失。同样地，如果在一个扫描周期多次执行相同的定时器指令，会造成多计时间。

CPU 22X 系列 PLC 共 256 个定时器，分类方法见表 2-10。

注意： TON 和 TOF 使用相同范围的定时器编号，不能把同一个定时器同时用作 TON 和 TOF。使用定时器时，应参照表 2-10 所示的时基标准和工作方式合理选择定时器编号，同时考虑刷新方式对程序执行的影响。

表 2-10　　　　　　　　　　　　　　定时器类型

定时器类型	分辨率（ms）	最大当前值（s）	定时器编号
TONR	1	32.767	T0，T64
	10	327.67	T1～T4，T65～T68
	100	3276.7	T5～T31，T69～T95
TON／TOF	1	32.767	T32，T96
	10	327.67	T33～T36，T97～T100
	100	3276.7	T37～T63，T101～T255

定时器的定时时间 $T = PT \times S$，PT 为设定值，S 为分辨率。例如，定时器 T37，设定值为 30，则定时时间 T 为 $30 \times 100\text{ms} = 3\ 000\text{ms} = 3\text{s}$；定时器 T32，设定值为 100，则定时时间 T 为 $100 \times 1\text{ms} = 100\text{ms} = 0.1\text{s}$。

（2）定时器指令格式及使用方法

3 种定时器的指令格式及使用方法如表 2-11 所示。IN 为使能输入端，最大设定值为 32 767。

表 2-11　　　　　　　　　　　　定时器指令格式及使用方法

指令符号及名称	功　能	示　例
TON T×× ，PT：接通延时定时器	当使能端 IN 接通时，定时器位为 OFF，当前值从 0 开始计时；当前值达到设定值 PT 时，定时器位为 ON，当前值仍继续计数到最大值 32 767。当使能端断开时，定时器自动复位（当前值清零，定时器位为 OFF）	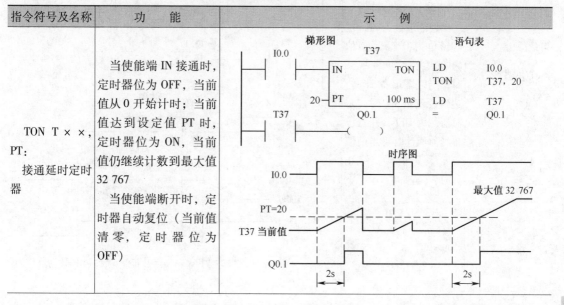

指令符号及名称	功　能	示　例
TONR T××， PT： 有记忆接通延时定时器	当使能端接通时，当前值从上次的保持值继续计时，当累计当前值达到设定值时，定时器位为 ON，定时器可继续计数到最大值 32 767 当使能端断开时，当前值保持不变，使能端再次接通时，在原记忆值的基础上递增计时 定时器需要复位时，利用复位指令（R）使其当前值清零	
TOF T××， PT： 断开延时定时器	当使能端接通时，定时器位为 ON，当前值为 0。当使能端断开时，定时器开始计时，达到设定值 PT 时，定时器位为 OFF，并且停止当前值计时。当前值等于设定值时，停止计时	

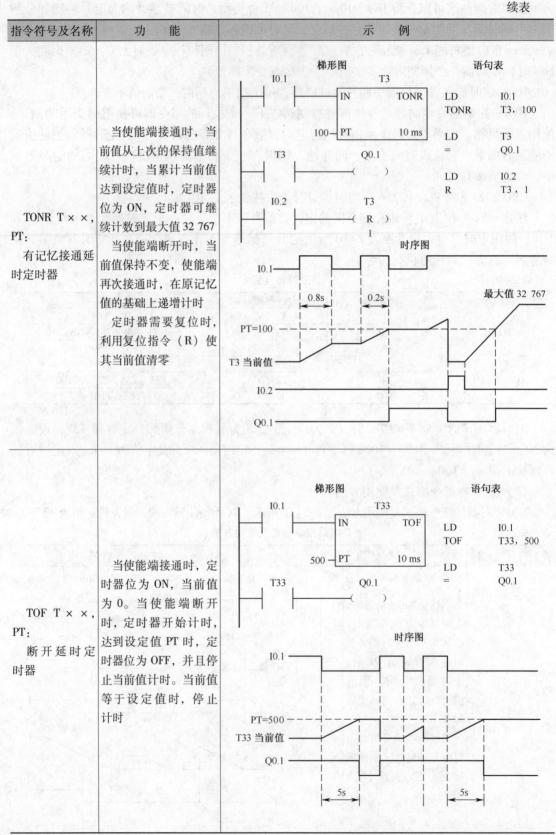

7. 计数器指令

计数器利用输入脉冲上升沿累计脉冲个数，S7-200 系列 PLC 有增计数器（CTU）、减计数器（CTD）和增/减计数器（CTUD）3 种类型的计数器。计数器的使用方法和基本结构与定时器基本相同，主要由预置值寄存器、当前值寄存器、状态位组成，编程范围 C0 ~ C255。3 种计数器的指令格式及使用方法见表 2-12。

梯形图指令符号中，CU：增 1 计数脉冲输入端；CD：减 1 计数脉冲输入端；R：复位脉冲输入端；LD：减计数器的复位脉冲输入端；PV：设定值输入端，设定值最大为 32 767。

表 2-12　　　　　　　　　　　计数器指令格式及使用方法

指令符号及名称	功　能	示　例
CTU C××，PV：增计数器	增计数器在 CU 输入脉冲的上升沿递增计数，直至最大值。当前值大于或等于设定值时，计数器被置位（输出状态位置 1） 　当复位输入 R 有效时，计数器状态位复位（当前值清零，输出状态位置 0）	
CTD C××，PV：减计数器	减计数器在 CD 输入脉冲的上升沿从设定值开始递减计数。当前值等于 0 时，该计数器状态位置位，停止计数 　当复位输入 LD 有效时，计数器把设定值装入当前值存储器，计数器状态位复位	

续表

指令符号及名称	功 能	示 例
CTUD C××， PV： 增/减计数器	增/减计数器在 CU 输入脉冲的上升沿递增计数，在 CD 输入脉冲的上升沿递减计数。当前值大于或等于设定值时，该计数器状态位置位 当复位输入 R 有效时，计数器状态位复位，当前值清零	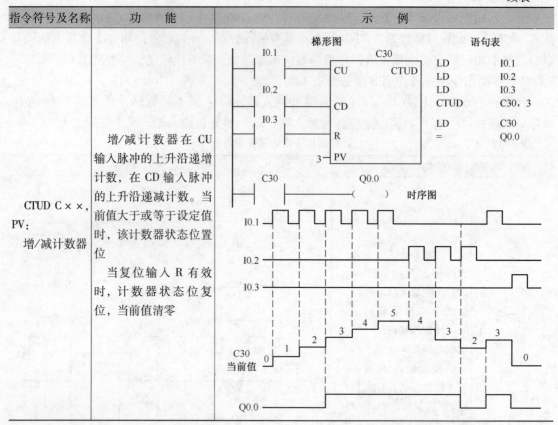

知识点二　PLC 的基本编程规则

由于梯形图直观易懂，与继电器控制电路图相近，很容易为电气技术人员所掌握，因此是应用最多的一种编程语言。虽然梯形图与继电器控制电路在结构形式及逻辑控制功能等方面相类似，但又有很多不同之处，梯形图具有自己的特点及设计规则。

1．梯形图的特点

① 梯形图按照"从上到下、从左到右"的顺序排列。每个继电器线圈为一逻辑行，每一逻辑行起于左母线，然后是触点的连接，最后终止于继电器线圈。

② 梯形图中的继电器不是物理继电器。每个继电器均为存储器中的一位，称为"软继电器"。当存储器相应位的状态为"1"时，表示该继电器线圈得电，其常开触点闭合或常闭触点断开。

③ 梯形图两端的母线并非实际电源的两端，梯形图中流过的电流也不是实际的物理电流，而是"概念"电流。

④ 梯形图中，继电器线圈只能出现一次，而继电器触点可无限次引用。

⑤ 梯形图中，前面所有逻辑行的执行结果，将立即被后面的逻辑操作所利用。

⑥ 梯形图中，输入继电器只有触点，没有线圈，其他继电器既有线圈，又有触点。

⑦ PLC 总是按梯形图排列的先后顺序逐一处理，也就是按照循环扫描工作方式执行梯形图程序，不存在不同逻辑行同时执行的情况。

2．梯形图的编程规则

① 梯形图的每一行都是从左边母线开始，然后是各种触点的逻辑连接，最后以线圈或

指令盒结束。触点不能放在线圈的右边，如图 2-17 所示。

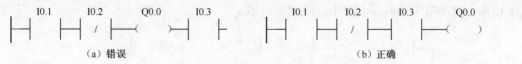

图 2-17　梯形图画法示例 1

② 线圈和指令盒一般不能直接连接在左边的母线上，如需要的话，可通过特殊的中间继电器 SM0.0（该位始终为 1）完成，如图 2-18 所示。

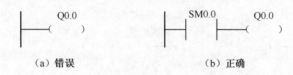

图 2-18　梯形图画法示例 2

③ 同一操作数的输出线圈在一个程序中不能使用两次及两次以上，否则将产生"双线圈"输出的错误，如图 2-19 所示。

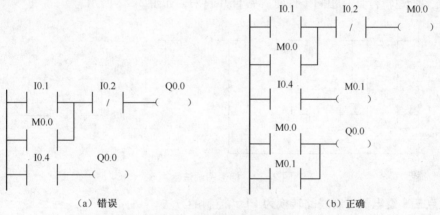

图 2-19　梯形图画法示例 3

④ 在每一逻辑行中，串联触点多的支路应放在上方，如图 2-20（a）所示，并联触点多的支路应放在左方，图 2-20（b）所示。

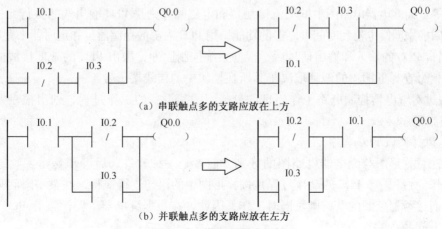

图 2-20　梯形图画法示例 4

⑤ 梯形图程序中，每行的触点数没有限制，但如果太多，可以设置中间单元，如图 2-21 所示，这类似于继电器电路中的中间继电器。

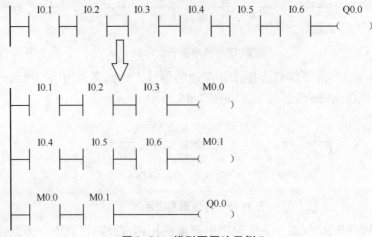

图 2-21　梯形图画法示例 5

⑥ 当多个逻辑行具有相同条件时，常合并起来，如图 2-22 所示。

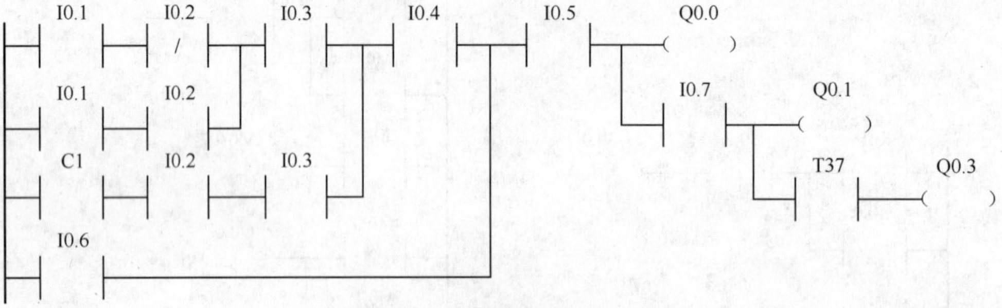

图 2-22　梯形图画法示例 6

知识点三　继电器控制线路转换为 PLC 控制的方法

继电器控制线路图与 PLC 所使用的梯形图极为相似，可以将继电器电路图转换为 PLC 梯形图程序。具体步骤如下。

① 确定 PLC 的输入和输出信号。PLC 输入端的控制元件多为按钮、操作开关和行程开关、接近开关等，而继电器电路图中的交流接触器和电磁阀等则是 PLC 输出端的执行元件。继电器电路图中的中间继电器和时间继电器的功能，用 PLC 内部的存储器位和定时器来完成。

② 确定 PLC 的输入和输出信号后，根据系统控制原理，画出 PLC 的外部接线图。各输入和输出信号在梯形图中的地址取决于其所在模块中的接线端子号。

③ 通过对继电器控制电路工作原理的分析，明确设备的工作过程，列出控制要点，编写 PLC 控制程序。

④ 运行并调试 PLC 程序。

应当注意梯形图与继电器电路图的区别，前者是一种软件，后者却是由实物组成的电路，在动作的过程中，PLC 的动作过程是按梯形图中的语句逐行执行，在某一瞬间只处理一条指令，而接触器控制的电路则可同时工作，因此，在根据继电器电路图设计 PLC 程序时，应注意以下问题：

① 应遵守梯形图语言中的基本编程规则；

② 根据原有的动作要求适当考虑设置中间单元；

③ 尽量减少 PLC 的输入信号与输出信号；

④ 从安全可靠方面，应考虑适当采用外部继电器的触点进行互锁；

⑤ 注意外部负载（如线圈、指示灯、蜂鸣器等）的额定电压。

通过对本项目的学习，希望能够很好地掌握继电器控制线路转换为使用 PLC 控制的方法。

 项目学习评价

一、思考练习题

1. 填空题。

（1）接通延时定时器（TON）的输入（IN）电路_____时开始定时，当前值大于等于设定值时，其定时器位变为_____，其常开触点_____，常闭触点_____。

（2）接通延时定时器（TON）的输入（IN）电路_____时被复位，复位后其常开触点_____，常闭触点_____，当前值等于_____。

（3）如果加计数器的计数输入电路（CU）_____、复位输入电路（R）_____，计数器的当前值加 1。当前值大于等于设定值（PV）时，其常开触点_____，常闭触点_____。复位输入电路_____时，计数器被复位，复位后其常开触点_____，常闭触点_____，当前值等于_____。

（4）SM _____ 在首次扫描时为 ON，SM0.0 一直为_____。

2. S7 - 200 PLC 中有几种分辨率的定时器？

3. S7 - 200 PLC 中有几种类型的定时器？执行复位指令后，它们的当前值和位的状态分别是什么？

4. 画出图 2-23 中 M10.1 的波形。

5. 画出图 2-24 中 Q1.0 的波形。

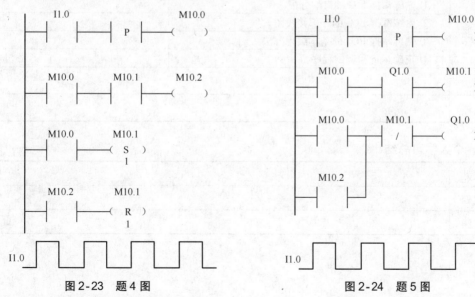

图 2-23 题 4 图   图 2-24 题 5 图

6. 有一台四级皮带运输机，分别由 M1、M2、M3、M4 四台电动机带动，其动作顺序为：启动时要求从 M1 到 M4 依次启动，停止时要求从 M4 到 M1 依次停止，电动机的启动间隔时间为 5s，停止间隔时间为 10s。

7. 设计周期为 5s，占空比为 20% 的方波输出信号波形。

8. 用置位和复位指令设计图 2-25 所示的电路。

9. 要求按照图 2-26 设计出如下程序：按下启动按钮 I0.0 后，Q0.0 得电并自锁，I0.1 输入 3 个脉冲（计数器 C1）后，T37 开始定时，5s 后，Q0.0 失电，同时计数器被复位，在 PLC 开始执行程序时，计数器也被复位。

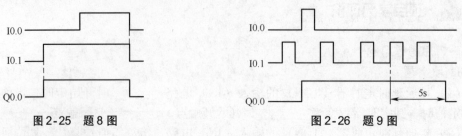

图 2-25　题 8 图　　　　　　　　　　　　　图 2-26　题 9 图

二、学习过程记录单

通过对教材的学习和教师的讲解，学生将已理解的内容（要点）和有所不解并需要教师指导的问题详细填入下表，并上交。

学习过程记录单

项目二	三相异步电动机的 PLC 控制				
班　级		姓　名		计划完成学时	
组　别		小组人员		实际完成学时	
学习内容	学习的内容		掌握程度（学生填写）		
			好	一般	差
基本理论	① PLC 的基本指令				
	② PLC 的基本编程规则				
	③ 继电器控制线路转换为 PLC 控制的方法				
实操技能	① 熟练掌握 I/O 端口的分配				
	② 熟练掌握 PLC 的外部接线图				
	③ 熟练掌握 PLC 的基本编程方法				
	④ 正确运行和调试程序				
实操记录					
教师点评					

三、个人学习总结

成功之处	
不足之处	
改进方法	

项目三 典型生产设备的 PLC 控制

项目情境创设

车床和铣床都是比较常见的机床。传统的机床控制系统采用继电器—接触器控制系统，自动化水平低，难以满足现代化生产的需求。PLC 是先进的通用工业控制器，用 PLC 改造继电器控制线路，可靠性高、逻辑功能强、体积小，不仅可以降低设备故障率，而且能够提高设备使用效率，并且运行效果好。

项目学习目标

	项目教学目标	教学方式	学时
技能目标	① 了解 CA6140 车床的结构及工作过程 ② 掌握 CA6140 车床的 PLC 改造方法 ③ 掌握 X6132 型卧式万能铣床的 PLC 控制方法	学生实际练习，教师指导编程和调试	6
知识目标	① 了解车床 CA6140 继电器控制电路 ② 掌握 PLC 控制车床、铣床的编程方法	教师讲授重点：CA6140 车床和 X6132 型卧式万能铣床的 PLC 控制程序	6

项目基本功

3.1 项目基本技能

任务一 了解 CA6140 型车床的 PLC 控制

1. CA6140 型车床的结构和运动形式

CA6140 型车床是一种应用极为广泛的金属切削机床，能够车削外圆、内圆、端面、螺纹及定型表面，并可以通过尾架进行钻孔、铰孔等加工。其结构主要由床身、主轴箱、进给箱、溜板箱、刀架、丝杠、光杠和尾架等部分组成，如图 3-1 所示。

车削加工时，主运动是轴卡盘带动工件的旋转运动，进给运动是溜板刀架或尾架顶针带动刀具的直线运动，辅助运动包括刀架的快速移动及工件的夹紧和放松等。

主轴一般只要求单方向旋转，只有在车螺纹时才需要用反转来退刀。主运动和进给运动

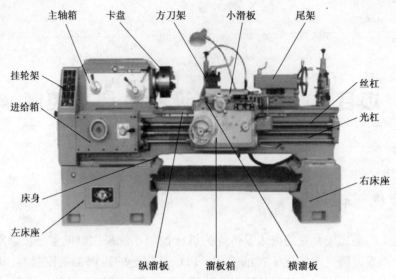

主轴箱　卡盘　方刀架　小滑板　尾架

挂轮架

进给箱

丝杠

光杠

右床座

床身

左床座

纵溜板　溜板箱　横溜板

图 3-1　CA6140 车床的结构图

由同一台电动机带动并通过各自的变速箱调节主轴转速或进给速度。

2. CA6140 型车床的电气控制线路分析

CA6140 型车床的电气控制线路原理图如图 3-2 所示，其电气控制线路包括主电路、控制电路及照明电路等。

（1）主电路分析

主电路有 3 台电动机，即主轴电动机 M1、冷却泵电动机 M2 及溜板与刀架快速移动电动机 M3。

a. 主轴电动机 M1 拖动主轴旋转，并通过进给运动链实现车床刀架的进给运动。由接触器 KM1 控制电动机 M1 的接通与断开，断路器 QS 将三相电源引入并实现短路保护，由热继电器 FR1 对电动机 M1 进行过载保护。

b. 冷却泵电动机 M2 拖动冷却泵输出冷却液，防止刀具和工件温度过高。由接触器 KM2 控制，熔断器 FU1 实现短路保护，热继电器 FR2 对电动机 M2 进行过载保护。

c. 刀架快速移动电动机 M3 拖动溜板实现快速移动。由接触器 KM3 控制，熔断器 FU1 实现短路保护。由于快速电动机工作时间短，因此不需要过载保护。

（2）控制回路分析

控制回路以控制变压器 TC 二次侧输出的 110V 电压作为电源。

a. 主轴电动机 M1 的控制：按下启动按钮 SB2，接触器 KM1 线圈得电吸合并自锁，其主触点闭合，主轴电动机 M1 启动运行，按下停止按钮 SB1，电动机 M1 断电停转。

b. 冷却泵电动机 M2 的控制：主轴接触器 KM1 的常开触点闭合后，旋钮开关 SA1 扳至闭合位置，接触器 KM2 线圈得电，冷却泵电动机 M2 启动运行，SA1 扳至断开位置，接触器 KM2 线圈失电，电动机 M2 断电停转。

c. 刀架快速移动电动机 M3 的控制：刀架快速移动电动机 M3 是由进给操纵手柄顶端的按钮 SB3 控制的，它与接触器 KM3 组成点动控制电路。按下按钮 SB3，接触器 KM3 得电吸合，电动机 M3 启动运行，刀架按照指定方向快速移动；松开按钮 SB3，电动机 M3 断电停转。

（3）照明及指示灯电路

机床照明电路由控制变压器 TC 供给交流 24V 安全电压，并由手控开关 SA2 直接控制照

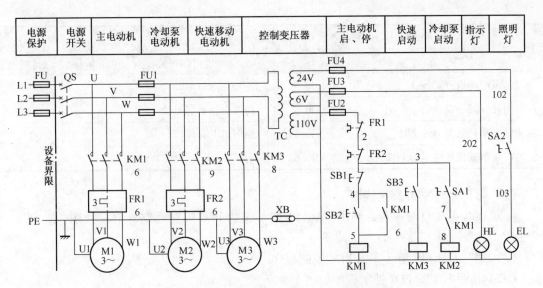

图 3-2　CA6140 型车床电气控制线路原理图

明灯 EL，机床指示灯电路由控制变压器 TC 供给 6V 电压，当机床引入电源后点亮，提示操作人员机床已经带电，需要注意安全。

（4）辅助电路的电气保护

控制电路、指示灯回路和照明电路均设有短路保护功能，分别由熔断器 FU2、FU3、FU4 实现。

3. CA6140 型车床的 PLC 控制

传统的 CA6140 型车床采用继电器实现电气控制，接线多且复杂，体积大，功耗高，若改变或增加其功能则比较困难。利用 PLC 技术对其电气控制线路进行改造，减少了继电器元器件数目以及硬导线连接的数量，提高了电气控制系统的稳定性和可靠性。通过 PLC 程序，还能使机床具有故障自诊断功能，同时，对于机床的保护和维修也更加方便，具有重要的实践意义。

控制要求一：要求按下主轴启动按钮后，主轴电动机 M1 运行，在主轴电动机已稳定运行的情况下，冷却泵开关闭合，冷却泵电动机 M2 运行；按下主轴停止按钮，主轴电动机 M1 和冷却泵电动机 M2 同时停止运行；冷却泵电动机通过冷却泵开关可单独停止运行；刀架快速移动按钮实现对刀架快速移动电动机 M3 的点动。设置主轴及冷却泵指示灯，照明灯开关控制照明灯的亮灭。

（1）确定 PLC 的 I/O 地址分配

根据 CA6140 型车床的工序及控制要求，确定 PLC 的 I/O 分配，如表 3-1 所示。

表 3-1　　　　　　　　　　　　　　　输入/输出地址分配表

输　入		输　出	
输入元件	地址	输出元件	地址
主轴电动机启动按钮 SB1	I0.0	主轴电动机接触器 KM1	Q0.0
主轴电动机停止按钮 SB2	I0.1	冷却泵电动机接触器 KM2	Q0.1
刀架快速移动电动机按钮 SB3	I0.2	刀架快速移动电动机接触器 KM3	Q0.2

输　　入		输　　出	
输入元件	地址	输出元件	地址
冷却泵电动机开关 SA1	I0.3	主轴指示灯 HL1	Q0.3
照明灯开关 SA2	I0.4	冷却泵指示灯 HL2	Q0.4
主轴电动机热继电器 FR1	I0.5	照明灯 EL	Q0.5
冷却泵电动机热继电器 FR2	I0.6		

（2）画出 PLC 的外部接线图

根据 PLC 的 I/O 分配表，画出 CA6140 型车床的 PLC 控制线路外部接线图，如图 3-3 所示。

（3）编写 CA6140 型车床的 PLC 控制程序

CA6140 型车床的 PLC 控制程序如图 3-4 所示。

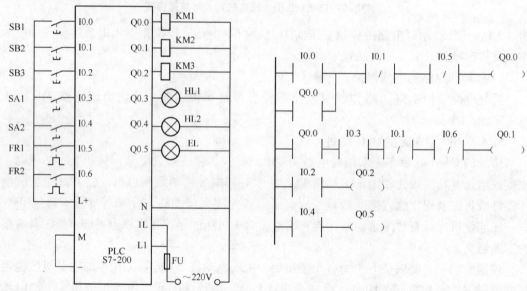

图 3-3　CA6140 型车床的 PLC 控制线路外部接线图　　图 3-4　CA6140 型车床的 PLC 控制程序

控制要求二：车床在正常运行过程中，主轴及冷却泵指示灯 HL1、HL2 持续点亮，指示设备的运行状态。若电动机 M1 过载时，主轴指示灯 HL1 以 1 次/秒的频率闪烁；若电动机 M2 过载时，冷却泵指示灯 HL2 以 2 次/秒的频率闪烁，作为报警指示。按下主轴停止按钮，HL1、HL2 全部熄灭。在 PLC 发生突然断电时，程序保持当前运行状态，并在重新送电后继续运行。

CA6140 型车床的 PLC 改造控制程序梯形图程序如图 3-5 所示。

程序中使用了具有断电保持功能的位存储器 M14.0 及 M14.1，定时器 T3 及 T4，并用 I0.1 对 T3 和 T4 进行复位清零。

（4）运行并调试程序

将程序传送至 PLC 执行，并进行程序调试直至满足以下的控制要求。

a. 正常运行：按下按钮 SB2，主轴电动机 M1 运行；在主轴电动机运行的状态下，闭合开关 SA1，冷却泵电动机 M2 运行；在主轴电动机运行的状态下，断开开关 SA1，冷却泵电动机 M2 停止运行。按下按钮 SB1，主轴电动机 M1 和冷却泵电动机 M2 停止运行。按下按钮

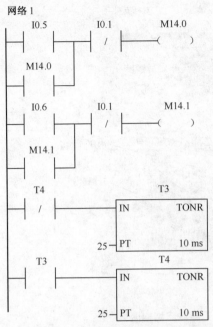
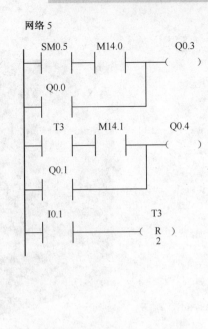

图 3-5　CA6140 型车床的 PLC 改造控制程序梯形图

SB3，刀架快速移动电动机 M3 点动。闭合开关 SA2，照明灯 EL 亮；断开开关 SA2，照明灯 EL 灭。正常运行，状态指示灯持续点亮，过载时，相应的指示灯按照控制要求闪烁。

b. 断电保持：程序运行过程中，将 PLC 工作电源关断，使 PLC 断电，程序停止运行，此时程序将会保持当前的运行状态，然后再重新送上 PLC 工作电源，程序应在断电时的当前状态上继续运行。

任务二　了解 X6132 型卧式万能铣床的 PLC 控制

1. X6132 型卧式万能铣床的结构和运动形式

铣床是一种用途广泛的机床，在铣床上可以加工平面、沟槽、分齿零件、螺旋形表面及各种曲面。此外，还可用于对回转体表面、内孔加工及进行切断工作等。铣床的种类很多，有卧式铣床、立式铣床、龙门铣床等。其中，卧式铣床的主轴是水平的，而立式铣床的主轴是垂直的。X6132 型卧式万能铣床是应用最广泛的铣床之一，X6132 型卧式万能铣床的结构如图 3-6 所示。

铣床在工作时，工件装在工作台上或分度头等附件上，铣刀旋转为主运动，辅以工作台或铣头的进给运动，工件即可获得所需的加工表面。

2. X6132 型卧式万能铣床的电气控制线路分析

X6132 型卧式万能铣床的主电路如图 3-7 所示，主电路有 3 台电动机和 1 个电磁铁组成。

（1）主电路分析

a. 主轴电动机 M1 驱动铣刀实现旋转运动。接触器 KM3 和 KM2 控制其实现正反转，热继电器 FR1 对电动机 M1 进行过载保护。

b. 进给电动机 M2 驱动工作台实现上下、前后、左右的移动或圆工作台的旋转运动，当工作台向左、向后、向上移动时 M2 反转，当工作台向右、向前、向下移动和圆工作台转动时 M2 正转。接触器 KM4 和 KM5 控制其实现正反转，热继电器 FR2 对电动机 M2 进行过载保护。

c. 冷却电动机 M3 供给铣削时的冷却液。接触器 KM1 控制其接通与断开。热继电

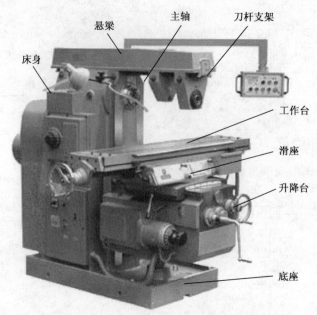

图 3-6　X6132 型卧式万能铣床结构图

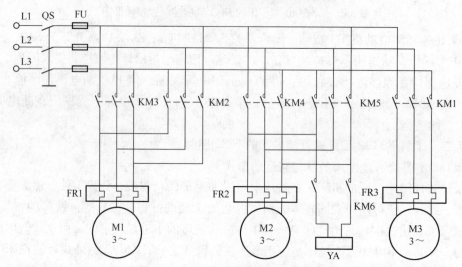

图 3-7　X6132 型卧式万能铣床主电路

FR3 对电动机 M3 进行过载保护。

　　d. 快移电磁铁 YA 用于改变传动链的传动比，实现工作台在上下、前后、左右 6 个方向的快速移动。接触器 KM6 控制其接通与断开。

　　（2）控制回路的要求

　　a. 主轴电动机 M1 和进给电动机 M2 可实现正反转，且电动机 M1、M2 的正转和反转都要实现互锁。

　　b. 工作台进给运动要在铣刀旋转之后才能进行，加工结束时应先停止进给运动再停铣刀旋转。因此，主轴电动机 M1 和进给电动机 M2 的启动顺序为 M1→M2，停机顺序为 M2→M1，进给电动机 M2 工作之后，快速进给才能点动工作。

　　c. 工作台上下、前后、左右 6 个方向的移动有快速进给，圆工作台的转动没有快速进给。

　　d. 工作台上下、前后、左右 6 个方向的移动和圆工作台的转动，7 种工作方式彼此联锁，也就是每次只能选择一种工作方式，否则控制回路断电保护。

3. X6132 型卧式万能铣床的 PLC 控制

根据工艺和控制要求对 X6132 型卧式万能铣床进行 PLC 控制，首先确定 I/O 地址分配。

（1）确定 PLC 的 I/O 地址分配

根据 X6132 型卧式万能铣床控制要求，确定 PLC 的 I/O 分配，如表 3-2 所示。

表 3-2   输入/输出地址分配表

输　入		输　出	
输入元件	地址	输出元件	地址
主轴电动机正转按钮 SB1	I0.0	主轴电动机反转接触器 KM2	Q0.0
主轴电动机反转按钮 SB2	I0.1	主轴电动机正转接触器 KM3	Q0.1
主轴电动机停车按钮 SB3	I0.2	进给电动机正转接触器 KM4	Q0.2
刀架快速移动电动机点动按钮 SB4	I0.3	进给电动机反转接触器 KM5	Q0.3
工作台左移开关 SA1	I0.4	冷却电动机接触器 KM1	Q0.4
工作台右移开关 SA2	I0.5	刀架快速移动电磁铁接触器 KM6	Q0.5
工作台前移开关 SA3	I0.6		
工作台后移开关 SA4	I0.7		
工作台上移开关 SA5	I1.0		
工作台下移开关 SA6	I1.1		
圆工作台工作开关 SA7	I1.2		
冷却泵电动机控制开关 SA8	I1.3		

（2）画出 PLC 的外部接线图

根据 PLC 的 I/O 分配表，画出 X6132 型卧式万能铣床的 PLC 控制线路外部接线图，如图 3-8 所示。

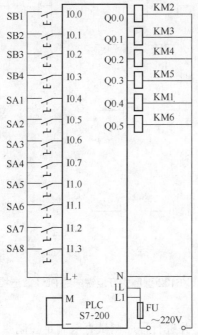

图 3-8   X6132 型卧式万能铣床的 PLC 控制线路外部接线图

（3）编写 X6132 型卧式万能铣床的 PLC 控制程序

X6132 型卧式万能铣床的 PLC 改造控制程序如图 3-9 所示。

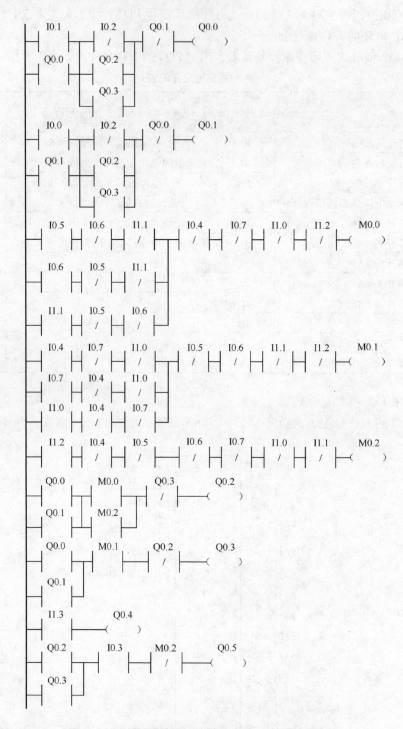

图 3-9　X6132 型卧式万能铣床的 PLC 改造控制程序

（4）运行并调试程序

将程序传送至 PLC 执行，并进行程序调试直至满足控制要求。

3.2　项目基本知识

知识点一　断电数据保持

在生产过程中，对于一些不能中断运行的设备，具有断电保持的功能是十分重要的，如加工设备、工件传送设备等。机床在正常加工的过程中，如果遇到了突然停电，为了确保操作安全，工件或刀具夹紧不能松开，或需要记忆设备的当前操作状态，重新上电后能够继续生产，否则就可能造成工件的损坏或材料的浪费。因此，在 PLC 控制中，常用具有断电保持的存储器来保证设备断电后的继续正常运行。

系统默认的断电数据保持参数设定范围为：VB0 ~ VB10 239、T0 ~ T31、T64 ~ T95、C0 ~ C255、MB14 ~ MB31。在存储器范围内，用户可以根据需要重新定义断电数据保持范围，最大可以定义 6 个保持范围，断电数据保持设置在"系统块"中，如图 3-10 所示。

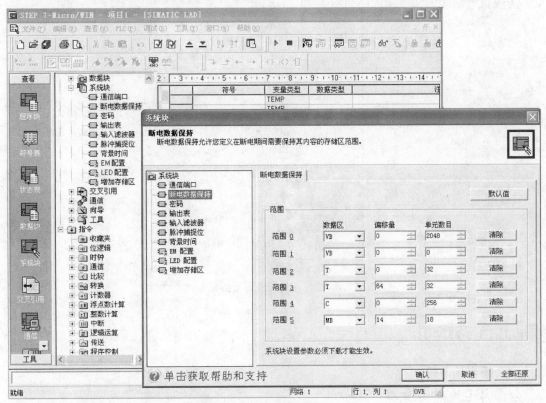

图 3-10　"断电数据保持"设置

对于定时器，只能保持有记忆定时器（TONR），并且只有定时器和计数器的当前值可以定义为保持，每次送电时定时器和计数器位均被清除。M 存储区的前 14 个字节的默认设置是非保持的。

需要注意的是，在软件中对需要断电数据保持的存储区进行设定后，一定要把系统块下载到 PLC 中去。V 区中断电保持的数据在程序下载后会被清零，断电不丢失。

知识点二　报警程序的编写

报警是电气控制中不可缺少的重要环节，标准的报警功能应当为声光报警，当故障发生时，报警指示灯闪烁，报警电铃启动。维修人员到达现场后，先按消铃按钮，关掉电铃，报警指示灯从闪烁变为常亮。故障消除后，报警灯熄灭。同时还设有试灯、试铃按钮，用于平时检测报警灯和电铃的好坏。

编写报警程序，I/O 地址分配如表 3-3 所示。

表 3-3   输入/输出地址分配表

输　　入		输　　出	
输入元件	地址	输出元件	地址
试灯按钮 SB4	I1.0	报警指示灯 HL4	Q1.0
试铃按钮 SB5	I1.1	报警电铃 H	Q1.1
消铃按钮 SB6	I1.2		

M10.0 表示报警信息，即有报警情况出现时，M10.0 置位；没有报警情况时，M10.0 复位。实现报警功能的梯形图程序如图 3-11 所示。

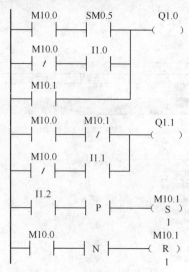

图 3-11　报警梯形图程序

项目学习评价

一、思考练习题

1. 简述 CA6140 车床的工作原理。

2. 什么是断电数据保持？在 PLC 软件中应当如何操作？

3. 要求设计一个指示灯自动转换两种不同频率的闪烁：按下启动按钮后，指示灯以 1 次/秒的频率闪烁 10 次后，转为以 2 次/秒的频率闪烁 8 次，如此不断重复进行，直到按下停止按钮后停止。

4. 某机床的主轴和润滑油泵分别由一台三相异步电动机拖动，均采用直接启动方式，要求用 PLC 编程实现：主轴必须在油泵开动后，才能启动，主轴正常为正向运转，为调试方便，要求能够正、反向点动；主轴停止后，才允许油泵停止；有短路、过载保护。

二、学习过程记录单

通过对教材的学习和教师的讲解，学生将已理解的内容（要点）和有所不解并需要教师指导的问题详细填入下表，并上交。

学习过程记录单

项目三	典型生产设备的 PLC 控制				
班　级		姓　名		计划完成学时	
组　别		小组人员		实际完成学时	
学习内容	学习的内容		掌握程度（学生填写）		
			好	一般	差
基本理论	① 了解 CA6140 型车床的结构和运动形式				
	② 理解断电数据保持的含义				
实操技能	① 会分析 CA6140 型车床的电气控制线路				
	② 会断电数据保持的操作				
	③ 会编写报警程序				
	④ 会编写铣床控制程序				
实操记录					
教师点评					

三、个人学习总结

成功之处	
不足之处	
改进方法	

项目四　送料小车的 PLC 控制

项目情境创设

自动送料装车系统广泛应用于各种生产设备中，是自动化物流系统的重要组成环节，不仅能够减轻劳动强度，而且保障了生产的可靠性、安全性，同时还可以降低生产成本，对于提高企业经济效益具有重要作用。今天我们就来学习一下有关送料小车的 PLC 控制技术。

项目学习目标

	项目教学目标	教学方式	学时
技能目标	① 了解送料小车的手动控制 ② 掌握送料小车的自动控制	学生实际练习，教师指导编程和调试	8
知识目标	① 掌握顺序控制设计法 ② 掌握顺序控制指令	教师讲授重点：顺序控制设计法及相关指令	8

项目基本功

4.1　项目基本技能

任务一　送料小车的手动控制

任务要求：送料小车控制示意图如图 4-1 所示，初始状态运料小车停在左侧。工作过程为，按下启动按钮，小车向右运行至右限位开关后停止，料斗门打开装料，7s 后料斗门关闭，小车向左运行至左限位开关后停止，打开底门卸料，5s 后底门关闭，完成一次装卸过程（小车底门和料斗门的打开由电磁阀控制）。

如果需要重新开始运料，则应保证小车停在左侧后，按下启动按钮才能开始运料。

用 PLC 来实现送料小车的手动控制，即用各自的控制按钮，一一对应地接通或断开各负载的工作方式。

1. 列出 I/O 分配表

根据对送料小车工作过程的分析，可以列出 PLC 控制 I/O 口地址分配表，如表 4-1 所示。

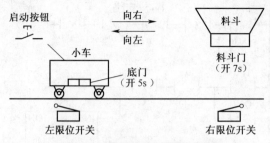

图4-1　送料小车控制示意图

表4-1　　　　　　　　　　　　输入/输出地址分配表

输入		输出	
输入元件	地址	输出元件	地址
右限位开关 SQ1	I0.1	右行接触器 KM1	Q0.0
左限位开关 SQ2	I0.2	料斗门电磁阀 YA1	Q0.1
右行按钮	I0.3	左行接触器 KM2	Q0.2
左行按钮	I0.4	底门电磁阀 YA2	Q0.3
料斗门按钮	I1.0		
底门按钮	I1.1		

2. 画出 PLC 接线图

根据 I/O 分配表，画出 PLC 外部硬件接线图，如图4-2所示。

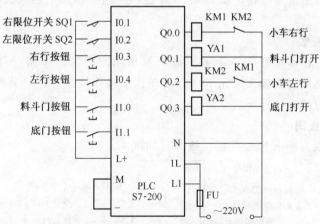

图4-2　送料小车手动运行控制外部接线图

3. 编写 PLC 梯形图程序

根据送料小车的工作过程以及 PLC 的 I/O 分配，可以编写出由 PLC 控制的送料小车手动运行程序，梯形图程序如图4-3所示。

4. 运行并调试程序

按照图4-2所示连接送料小车的手动运行控制电路，启动编程软件，将程序下载到 PLC 中，运行并调试程序。

① 按下右行按钮 I0.3，小车向右运行。

② 按下料斗门按钮 I1.0，开始向小车装料，时间为7s。

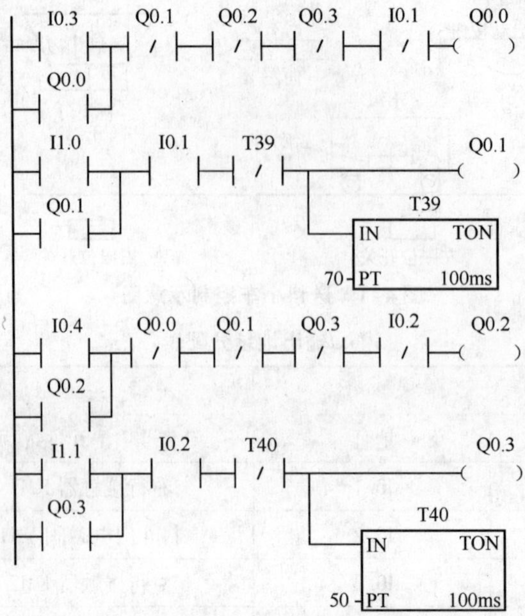

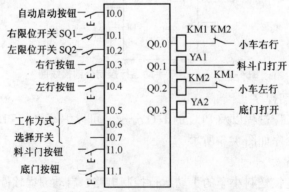

图4-3　送料小车手动运行控制梯形图程序

③ 按下左行按钮 I0.4，小车向左运行。

④ 按下底门按钮 I1.1，小车开始卸料，时间为5s。

任务二　送料小车的自动控制

任务要求：送料小车的自动控制包括有：① 单周期运行，即按下启动按钮，小车往复运行一次后，停在初始位置等待下次启动；② 连续运行，即按下启动按钮，小车自动连续往复运行。

1. 列出 I/O 分配表

根据控制要求，在本项目任务一的基础上增加相应的输入按钮：自动启动按钮 I0.0，手动按钮 I0.5，自动单周期操作按钮 I0.6，自动连续操作按钮 I0.7。其他输入/输出分配仍按照本项目任务一中的 I/O 分配表。

2. 画出 PLC 接线图

根据 I/O 分配表，画出 PLC 外部接线图，如图4-4所示。

图4-4　送料小车自动运行控制外部接线图

3. 画出顺序功能图

自动运行方式的顺序功能图如图4-5所示。当 PLC 进入 RUN 状态前已经选择了单周期或连续操作方式时，程序开始运行初始化脉冲 SM0.1，使 S0.0 置位，此时若小车处于左限位开关处（I0.2 常开触点闭合），且底门关闭（Q0.3 常闭触点闭合），按下自动启动按钮 I0.0，小车将按照任务要求自动运行。若为单周期运行方式，I0.6 触点接通，再次进入 S0.0，此时若按下启动按钮 I0.0，则开始下一周期的运行；若为连续运行方式，I0.7 触点接通，进入 S0.1，Q0.0 线圈得电，小车再次右行，实现连续运行。

4. 将顺序功能图转化为梯形图

将图 4-5 所示的顺序功能图转化为梯形图程序，如图 4-6 所示。

梯形图程序中使用了数据传送指令 MOV_B，程序开始运行初始化脉冲 SM0.1 时，顺序控制继电器 S 的字节单元 SB0 清零，实现复位。

顺序控制继电器 S 的地址格式如下。

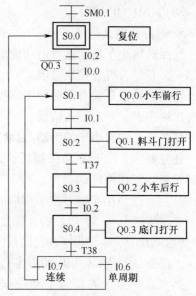

图 4-5 送料小车自动运行的顺序功能图

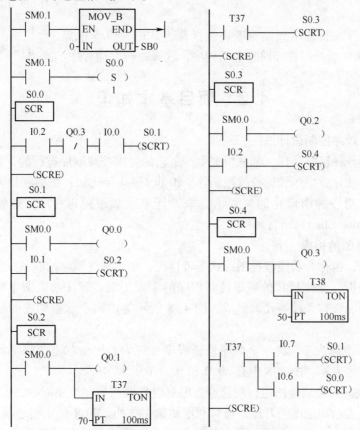

图 4-6 送料小车自动运行的梯形图程序

位地址： S［字节地址］.［位地址］，如 S3.1。

字节、字、双字地址：S［数据长度］.［起始字节地址］，如 SB3、SW3、SD20。

CPU226 模块内标志位存储器的有效地址范围为：S（0.0～31.7）；SB（0～31）；SW

(0~30)；SD（0~28）。

5. 运行并调试程序

按照送料小车自动运行的功能流程图，运用监控和测试手段逐步进行程序调试，观察运行结果，看是否符合控制要求。

常见的错误是没有正确使用编程原则和编程方法，导致程序书写错误；或者由于输入程序时出现手误，导致写入错误。

任务三　送料小车的手动/自动选择控制

任务要求：按下手动按钮后，送料小车能够按照各自对应的控制按钮，实现相应的操作。按下自动控制按钮（单周期或连续操作）后，送料小车能够按照相应的控制模式自动运行。

手动按钮为I0.5，PLC的外部接线图如图4-4所示，程序如图4-7所示。其中，手动程序和自动程序分别为两个程序块（本项目任务一、任务二中已编写相应的程序），由跳转指令选择执行。

当方式选择开关接通手动操作方式时，I0.5常闭触点断开，执行手动程序；I0.6和I0.7常闭触点均为闭合状态，跳过自动程序不执行。

若方式选择开关接通单周期或者连续操作方式时，I0.5触点闭合，I0.6和I0.7断开，程序跳过手动程序，选择执行自动程序。

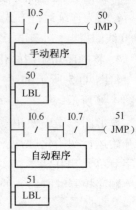

图4-7　送料小车的手动/自动选择控制程序

4.2　项目基本知识

知识点一　顺序控制设计法

生产设备的各种机械动作，都是根据生产工艺的要求按照顺序进行的，如电动机的顺序启停、机械手的动作、生产线运行的控制等。20世纪80年代初，法国科技人员发明了顺序控制设计法，是用一种图形化的编程语言来设计工业顺序控制程序，即顺序功能图SFC（Sequential Function Chart）语言。

1. 顺序功能图的构成

顺序功能图，也称为功能流程图或状态转移图，用于描述顺序控制系统的工作过程、功能和特性，是分析、设计PLC的顺序控制程序的重要工具。顺序功能图主要由状态、控制对象、有向连线、转移条件等元素组成。图4-8所示为由两个状态构成的红绿灯顺序显示的功能流程图。

（1）状态：也称为步，将一个顺序控制程序分解为若干个状态，每个状态对应一个状态继电器，用方框表示。图4-8中有S0.0和S0.1两个状态。

（2）初始状态：是功能图运行的起点，用双线方框表示，在实际中，也可用单线方框，或者用一条横线表示功能图的开始。通常利用初始化脉冲SM0.1进入初始状态。

（3）控制对象：也称为动作，状态符号方框右边用线条连接的符号为本状态下的控制对象（允许某些状态中没有控制对象）。图4-8中S0.0状态下的控制对象有Q0.0和Q0.1。

（4）有向连线：表示状态的转移方向，绘制顺序功能图时，将代表各状态的方框按先后顺序排列，并用有向连线连接起来。表示从上到下或从左到右的有向连线的箭头可以省略。

（5）转移条件：状态之间的转移条件用与有向连线垂直的短画线表示，转移条件标注在短画线的旁边。如图4-8所示，当T37置位时，状态S0.0转移到状态S0.1。

（6）活动状态：当系统的某一状态处于活动状态时，相应的动作被执行；当处于不活动状态时，相应的动作被停止执行或不执行。如图4-8所示，当S0.0为活动状态时，Q0.0置位点亮红灯，Q0.1复位熄灭绿灯。转移实现时应完成两个操作：后续状态都变为活动状态；前级状态都变为不活动状态。

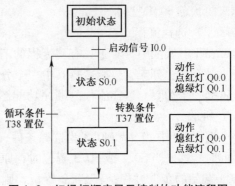

图4-8 红绿灯顺序显示控制的功能流程图

2. 顺序功能图的构成规则

绘制控制系统的顺序功能图时，必须满足以下规则：

① 状态与状态不能直接相连，必须用转移分开；

② 转移与转移不能直接相连，必须用状态分开；

③ 状态与转移、转移与状态之间的连接采用有向线段；

④ 一个顺序功能图至少要有一个初始状态。

3. 顺序功能图的类型

顺序功能图的类型包括有：单流程、选择流程、并行流程、跳转和循环。

（1）单流程

单流程是最简单的顺序功能图，是由一系列相继激活的状态组成，每一状态的后面仅有一个转换，每个转换后面只有一个状态。单流程的顺序功能图如图4-9（a）所示，其对应的梯形图如图4-9（b）所示。

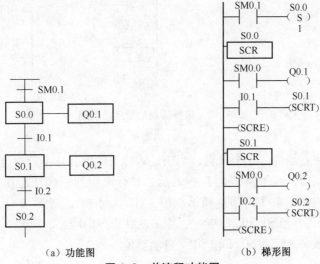

（a）功能图　　　　　　（b）梯形图

图4-9 单流程功能图

在图4-9（a）中，初始化脉冲SM0.1用来置位S0.0，即把S0.0状态（状态1）激活；在状态1的SCR段所做的工作是输出端Q0.1得电。

当状态转移条件I0.1得电后，激活S0.1状态（状态2），状态1转移到状态2，同时使原来的状态S0.0复位。在状态2的SCR段，需要做的工作是输出端Q0.2得电。

在状态转移条件I0.2得电后，激活S0.2状态（状态3），状态2转移到状态3，同时使原来的状态 S0.1 复位。

（2）选择流程

在工厂实践中，对于具有多流程的工作需要进行流程选择或者分支选择。选择流程图的特点是有多个分支，只能运行其中一个分支，究竟选择进入哪一个分支，取决于前面的转移条件哪一个为真。选择流程的顺序功能图如图 4-10（a）所示，其对应的梯形图如图 4-10（b）所示。

图 4-10 中 I0.1 和 I0.3 为选择条件，I0.1 和 I0.3 不能同时接通，即两个分支的状态不能同时转移。当 S0.1 或 S0.3 置位时，原来的状态 S0.0 自动复位。如果 S0.1 置位，则执行 S0.1 起始的步进过程；若 S0.3 置位，则执行 S0.3 起始的步进过程。S0.4 由 S0.2 或 S0.3 后的转移条件置位。

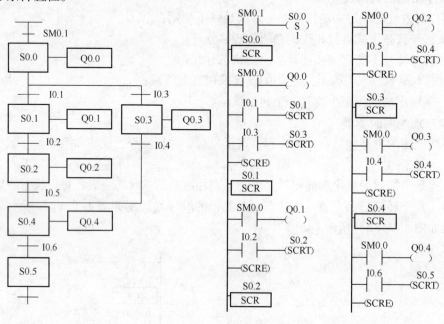

（a）功能图　　　　　　　　　　　　　　　（b）梯形图

图 4-10　选择流程的顺序功能图

（3）并行流程

并行流程图的特点是具有几个分支，当满足转移条件后，几个分支流程同时被执行。为了强调转移的同步执行，水平连线用双线表示。并行流程的顺序功能图如图 4-11（a）所示，其对应的梯形图如图 4-11（b）所示。图 4-11（a）中，当 I0.0 接通时，两个分支的状态同时转移，即 S0.1 和 S0.3 同时置位，原来的状态 S0.0 自动复位。I0.3 接通时 S0.5 才置位，与此同时，原来的状态 S0.2 和 S0.4 自动复位。

（4）跳转和循环

当控制功能较复杂时，符合控制要求的功能图可能既需要并行流程又需要选择流程，因此，多数情况下，功能图是以混和形式出现的，其中的典型代表就是跳转和循环结构的功能图，如图 4-12 所示。当 I1.1 为 ON 时，进行顺序执行操作；当 I1.1 为 OFF 时，进行局部循环操作；当 I1.2 为 ON 时，进行正向跳转操作；当 I1.2 为 OFF 时，进行顺序执行操作；当 I1.3 为 ON 时，进行单周期循环操作；当 I1.2 为 OFF 时，进行多周期循环操作。

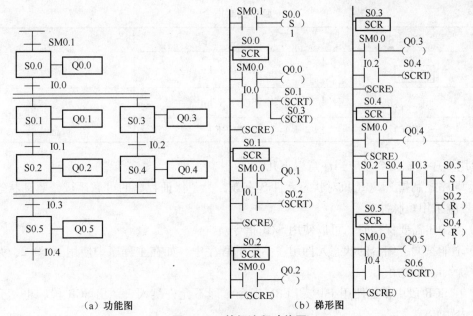

（a）功能图　　　　　　　　（b）梯形图

图4-11　并行流程功能图

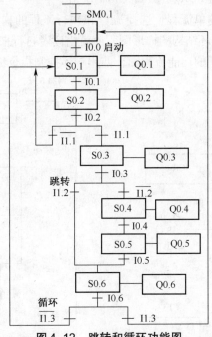

图4-12　跳转和循环功能图

知识点二　顺序控制指令

S7-200系列PLC的顺序控制指令专门用于编写顺序控制程序，是一种可以将顺序功能图转换成梯形图程序的步进型指令。S7-200中顺序控制指令LSCR、SCRT和SCRE的格式如表4-2所示。

顺序控制指令的操作对象为顺序控制继电器S，也称为状态继电器。S7-200提供了256个顺序控制继电器，采用8进制（S0.0~S0.7，…，S31.0~S31.7）。每一个S位都表示功能图中的一种状态（这里使用的是S的位信息）。

表 4-2　　　　　　　　　　　　　　　　顺序控制指令

梯　形　图	指　令　表	功　　能
bit ⊣ SCR ⊢	LSCR S-bit	状态开始
bit —(SCRT)	SCRT S-bit	状态转移
—(SCRE)	SCRE	状态结束

使用顺序控制指令时应当注意以下几点。

① 顺序控制指令 SCR 只对状态元件 S 有效，为了保证程序的可靠运行，驱动状态元件 S 的信号应采用短脉冲。

② 当输出需要保持时，可以使用 S/R 指令。

③ 不能把同一编号的状态元件用在不同的程序中，如在主程序中使用了 S0.2，则在子程序中就不能再使用。

④ 在 SCR 段中不能使用 JMP 和 LBL 指令，即不允许跳入、跳出 SCR 段，也不允许在 SCR 段内跳转。

⑤ 在 SCR 段中不能使用 FOR、NEXT 和 END 指令。

使用顺序控制指令编写的单流程、选择流程和并行流程的梯形图程序如图 4-9 ~ 图 4-11 中的（b）图所示。跳转和循环结构的梯形图程序就由读者自行来编写。

根据红绿灯顺序显示控制的功能流程图，使用顺序控制指令编写的梯形图程序如图 4-13

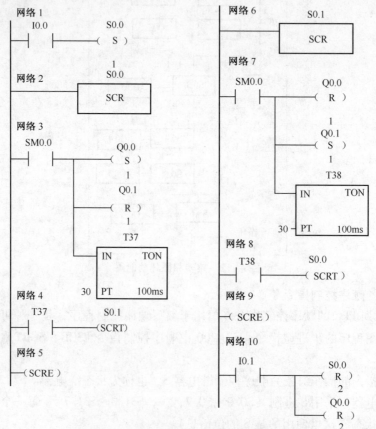

图 4-13　红绿灯顺序显示控制的梯形图程序

所示。当 I0.0 输入有效时，启动 S0.0，执行程序的第一步，输出 Q0.0 置 1（点亮红灯），Q0.1 置 0（熄灭绿灯），同时启动定时器 T37，经过 3s，步进转移指令使得 S0.1 置 1；S0.0 置 0；程序进入第二步，输出 Q0.1 置 1（点亮绿灯）、Q0.0 置 0（熄灭红灯），同时启动定时器 T38，经过 3s，步进转移指令使得 S0.0 置 1，S0.1 置 0；程序返回，进入第一步。如此周而复始，循环工作，直到 I0.1 接通时，红灯、绿灯同时熄灭。

知识点三　相关指令

在本项目中用到的相关指令有：数据传送指令及跳转和标号指令。

1. 数据传送指令

数据传送指令主要用来完成各存储单元之间的数据传送，并且具有位控功能。数据传送指令分单个数据传送指令和数据块传送指令两类。

（1）单个数据传送指令

指令格式如表 4-3 所示，梯形图程序中的功能指令大多数用方框图来表示。MOV 为传送指令的符号，传送的数据类型有：字节、字、双字、实数（B/W/DW/R）等。

当使能输入端 EN = 1 时，执行数据传送指令，把输入端（IN）的数据传送到输出端（OUT），传送指令执行后，输入端的数据不变，输出端的数据刷新。

ENO 是执行指令出错的标志，运行时间或间接寻址出错时，ENO 端为 0。同时 ENO 也可作为下一个指令盒 EN 的输入，即几个指令盒可以串联在一行，只有前一个指令盒被正确执行时，后一个指令盒才能执行。

表 4-3　　　　　　　　　　　　　　单个数据传送指令

项目	字节传送	字传送	双字传送	实数传送
梯形图	MOV_B — EN ENO — — IN OUT —	MOV_W — EN ENO — — IN OUT —	MOV_DW — EN ENO — — IN OUT —	MOV_R — EN ENO — — IN OUT —
指令表	MOVB IN, OUT	MOVW IN, OUT	MOVD IN, OUT	MOVR IN, OUT

【例】要求用数据传送指令编写灯控程序：有 8 个指示灯，当 I0.0 接通时，全部灯亮；当 I0.1 接通时，奇数灯亮；当 I0.2 接通时，偶数灯亮；当 I0.3 接通时，全部灯灭。

根据控制要求可以列出控制关系表，如表 4-4 所示，Q0.0 ~ Q0.7 分别为 HL0 ~ HL7，"★"表示灯亮，空格表示灯灭。由于灯的亮、灭状态表示该位电平的高、低，因此可以用十六进制数据来表示输出继电器字节 QB0 的状态。控制程序如图 4-14 所示。

表 4-4　　　　　　　　　　　　　　灯控关系表

输入继电器	输出继电器位								输出继电器字节
	Q0.7	Q0.6	Q0.5	Q0.4	Q0.3	Q0.2	Q0.1	Q0.0	
I0.0	★	★	★	★	★	★	★	★	16#FF
I0.1	★		★		★		★		16#AA
I0.2		★		★		★		★	16#55
I0.3									0

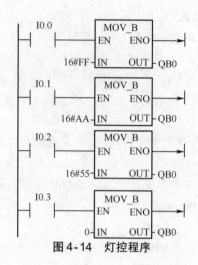

图 4-14　灯控程序

（2）数据块传送指令

数据块传送指令格式如表 4-5 所示。数据块传送指令一次可完成 N 个数据的成组传送。当使能端 EN = 1 时，把从输入端 IN 开始的 N 个数据（字节、字或双字），传送到以输出端 OUT 开始的 N 个单元中。

表 4-5　　　　　　　　　　　　　　数据块传送指令

项目	字节的块传送	字的块传送	双字的块传送
梯形图	BLKMOV_B EN　ENO IN　OUT N	BLKMOV_W EN　ENO IN　OUT N	BLKMOV_D EN　ENO IN　OUT N
指令表	BMB IN, OUT, N	BMW IN, OUT, N	BMD IN, OUT, N

【例】　　将变量存储器 VB20 开始的 4 字节（VB20 ~ VB23）中的数据，传送到 VB100 开始的 4 个字节中（VB100 ~ VB103），程序如图 4-15 所示。

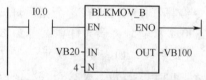

图 4-15　数据块传送指令的应用

注：变量存储器（V）用于在程序执行过程中存放中间结果或其他相关数据，如模拟量控制、数据运算、设置参数等。可以按位、字节、字、双字来存取 V 存储器中的数据。变量存储器 V 的地址格式如下。

位地址：　　　　　　　　V［字节地址］.［位地址］，如 V10.2。

字节、字、双字地址：V［数据长度］.［起始字节地址］，如 VB10、VW100、VD200。

CPU226 模块内标志位存储器的有效地址范围为：V（0.0 ~ 5119.7）；VB（0 ~ 5119）；VW（0 ~ 5118）；VD（0 ~ 5116）。

2. 跳转及标号指令

跳转指令可以用来选择执行指定的程序段，跳过暂时不需要执行的程序段，使得 PLC 编程的灵活性大大提高。如在调试生产设备时，需要手动操作方式，在生产时，需要自动操作方式。因而需要编写两段程序，一段用于调试工艺参数，另一段用于生产自动控制。跳转及标号指令格式如表4-6所示。

表4-6 跳转及标号指令

项目	跳转指令	标号指令
梯形图	N —(JMP)	N LBL
指令表	JMP N	LBL N
数据范围	N：0 ~ 255	

跳转指令能够使得程序转移到具体的标号（N）处，当跳转条件满足时，程序由JMP指令控制转至标号N的程序段去执行。标号指令能够标记转移目的地的地址。

跳转指令及标号指令必须位于同一个程序块中，即同时位于主程序（或子程序或中断程序）内。

知识拓展　数据的类型

1. 数据类型、长度和范围

在编程中常使用常数，为了有效利用PLC的CPU存储器资源，把数据分为8位、16位和32位，也就是字节、字和双字。S7-200系列PLC中基本的数据类型如表4-7所示。

表4-7 基本数据类型

基本数据类型	内　容	数据范围
BOOL（1 位）	布尔型或位	$0 \sim 1$
BYTE（8 位）	无符号型或字节	$0 \sim 255$
WORD（16 位）	无符号整数或字	$0 \sim 65535$
INT（16 位）	有符号整数	$-32768 \sim +32767$
DWORD（32 位）	无符号双整数	$0 \sim 2^{32} - 1$
DINT（32 位）	有符号双整数	$-2^{31} \sim +2^{31}$
REAL（32 位）	浮点数	$-10^{38} \sim +10^{38}$

2. 常数

CPU是以二进制方式存储所有常数的，但常数可以用二进制、十进制、十六进制、ASCII码或实数等多种形式来表示。常数的表示形式如表4-8所示。

表4-8 常数的表示形式

进　制	使用的格式	示　例
十进制	十进制	2 008
十六进制	十六进制	16#ABCD
二进制	二进制	2#100 1110 0100 1110
实数	32 位浮点数	+3.141593（正数）
		-0.707E+8（负数）

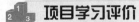

项目学习评价

一、思考练习题

1. 什么是顺序功能图？功能图有哪些构成要素？

2. 顺序功能图的主要类型有哪些?

3. 有 3 台电动机 M1、M2、M3,按下启动按钮后,3 台电动机依次按照顺序(M1、M2、M3)启动,启动时间间隔为 5s;按下停止按钮后,3 台电动机依次按照逆序(M3、M2、M1)停止,停止的时间间隔为 10s。要求用顺序功能图的方法编写程序。

4. 试画出图 4-16 所示的信号灯控制的顺序功能图,I0.0 为启动信号。

5. 用 SCR 指令设计出图 4-17 所示的顺序功能图的梯形图程序。

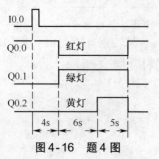

图 4-16 题 4 图

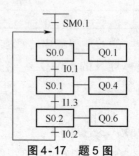

图 4-17 题 5 图

6. S7-200 系列 PLC 中有哪些数据传送指令?

7. 有 8 个指示灯,要求实现:当 I0.0 接通时,指示灯全亮;当 I0.1 接通时,第 1 ~ 4 个指示灯亮;当 I0.2 接通时,第 5 ~ 8 个指示灯亮;当 I0.3 接通时,指示灯全灭。设计控制电路,并用数据传送指令编写程序。

8. 要求使用跳转指令设计一个电动机的点动与连续运行的控制程序,当 I0.0 = ON 时,电动机实现点动控制,当 I0.0 = OFF 时,电动机实现连续运行控制。

9. 分析图 4-18 所示程序的执行情况,并将分析结果填入表 4-9 内。

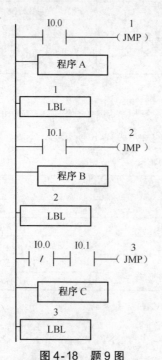

图 4-18 题 9 图

表 4-9 执行情况记录表

I0.0	I0.1	执行的程序段
1	0	
0	1	
0	0	
1	1	

二、学习过程记录单

通过对教材的学习和教师的讲解,学生将已理解的内容(要点)和有所不解并需要教师指导的问题详细填入下表，并上交。

学习过程记录单

项目四	送料小车的 PLC 控制				
班　级		姓　名		计划完成学时	
组　别		小组人员		实际完成学时	
学习内容	学习的内容		掌握程度（学生填写）		
			好	一般	差
基本理论	① 掌握顺序控制设计法				
	② 掌握顺序控制指令				
	③ 掌握数据传送指令和跳转指令				
实操技能	① 熟练掌握 I/O 端口的分配				
	② 熟练掌握 PLC 的外部接线图				
	③ 熟练掌握 PLC 的顺序控制编程方法				
	④ 正确运行和调试程序				
实操记录					
教师点评					

三、个人学习总结

成功之处	
不足之处	
改进方法	

项目五　物料搬运系统的 PLC 控制

📽 项目情境创设

物料搬运系统是指与物料搬运相关的一系列的设备和装置，用于一个过程或逻辑动作系统中，协调、合理地对物料进行移动、储存或控制。本项目中，我们将学习由机械手和传送带组成的物料搬运系统的 PLC 控制技术。

✏ 项目学习目标

	项目教学目标	教学方式	学时
技能目标	① 掌握机械手的 PLC 控制 ② 掌握传送带的 PLC 控制	学生实际练习，教师指导编程和调试	8
知识目标	掌握移位指令、比较指令和增/减指令及其应用	教师讲授重点：相关指令的知识	6

✊ 项目基本功

5.1　项目基本技能

任务一　机械手的 PLC 控制

机械手的控制示意图如图 5-1 所示，机械手能够上下、左右运动，手爪能够对物料进行夹紧与放松操作。机械手的上下和左右运动，分别由双线圈二位电磁阀驱动汽缸来完成。如当下降电磁阀线圈通电时，机械手下降；断电时，机械手停止下降，保持现有的动作状态，直到上升电磁阀线圈通电为止。手爪的夹紧与放松则由单线圈二位电磁阀驱动汽缸来实现，线圈通电时执行夹紧动作，断电时执行松开动作。

为保证机械手的动作准确到位，机械手上安装了上、下、左、右限位开关（SQ1～SQ4）。

任务要求：由机械手将传送带 A 上的物料搬运到传送带 B 上。初始状态机械手处于原位，上限位开关 SQ1 和右限位开关 SQ4 闭合，手爪松开。

按下启动按钮 SB1，传送带 A 运行直到光电传感器 PS1 检测到物料时停止，机械手的工作过程为：下降→夹紧物料→2s 后上升→左转→下降→松开物料→2s 后上升→右转。机械手右转到位后，传送带 B 停止，传送带 A 运行，直到光电传感器 PS1 再次检测到物料，开始下一轮的循环工作。

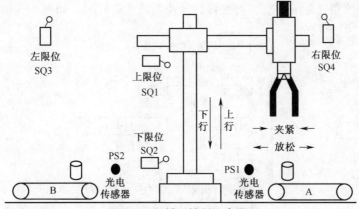

图 5-1　机械手控制示意图

1. 列出 I/O 分配表

根据对机械手及传送带工作过程的分析，可以列出 PLC 控制 I/O 口地址分配表，如表 5-1
所示。

表 5-1　　　　　　　　　　　　　　　　输入/输出地址分配表

输　　　入		输　　　出	
输入元件	地址	输出元件	地址
启动按钮 SB1	I0.0	上升电磁阀 YA1	Q0.1
停止按钮 SB2	I0.1	下降电磁阀 YA2	Q0.2
上升限位开关 SQ1	I0.2	左转电磁阀 YA3	Q0.3
下降限位开关 SQ2	I0.3	右转电磁阀 YA4	Q0.4
左转限位开关 SQ3	I0.4	夹紧电磁阀 YA5	Q0.5
右转限位开关 SQ4	I0.5	传送带 A	Q0.6
光电传感器 PS1	I0.6	传送带 B	Q0.7

2. 画出 PLC 接线图

根据 I/O 分配表，画出 PLC 外部接线图，如图 5-2 所示。

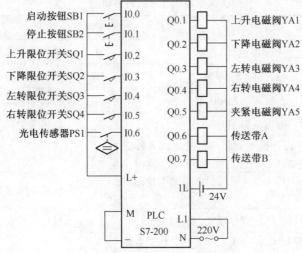

图 5-2　机械手控制外部接线图

3. 画出顺序功能图

根据机械手控制任务的要求，首先设计出控制功能流程图，如图5-3所示。

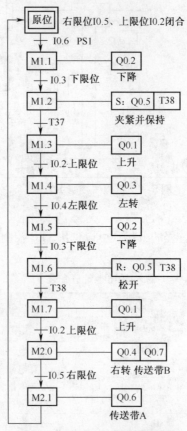

图 5-3　机械手控制功能流程图

4. 编写 PLC 梯形图程序

根据功能流程图编写出梯形图程序，如图 5-4 所示。本程序采用了移位寄存器编程方法。程序中各网络的功能如表5-2所示。

表 5-2　　　　　　　　　　机械手控制程序的网络功能

网络	功　　能	网络	功　　能
1	按下启动按钮，传送带 A 运行	9	机械手下降
2	机械手处于上升限位，标志位为 M0.1	10	机械手夹紧置位，并保持 2s
3	机械手处于右限位，标志位为 M0.4	11	机械手夹紧输出
4	传送带检测物料，标志位为 M0.6	12	机械手上升
5	传送带 A 运行，直到检测到物料停止；或者传送带 B 停止时，传送带 A 运行，机械手到原位后停止	13	机械手左转
6	机械手处于原位，各工步未启动时，若 PS1 检测到物料，则 M1.0 置 1	14	机械手夹紧复位，并保持 2s
7	右限位开关接通时，移位寄存器复位，机械手松开	15	机械手右转，传送带 B 运行
8	代表各工步的中间继电器与相应的转换条件串联作为移位脉冲的输入信号		

5. 运行并调试程序

按照机械手控制的功能流程图，运用监控和测试手段逐步进行程序调试，观察运行结果，看是否符合控制要求。

另外，需要思考：如果在系统上电前，机械手没有处于原位，那么程序应该如何编写？如果按下停止按钮后，机械手的动作仍继续进行，直到完成一个周期的动作，回到原位后才停止，那么应该如何修改程序？

知识拓展　工业机械手

工业机械手是能够模仿人手臂的某些动作功能，并按照程序抓取、搬运工件或操作工具的自动机械装置。它可以替代人类的某些繁重劳动，实现生产的机械化和自动化，能够在恶劣的环境下工作以保护人身安全，因而广泛应用于机械制造、冶金、电子和原子能等行业。

机械手的结构主要由手部、运动机构和控制系统 3 部分组成。

① 手部用于抓持工件。根据被抓持工件的形状、尺寸、重量、材料和作业要求的不同，有多种结构形式，如夹持型、托持型和吸附型等。

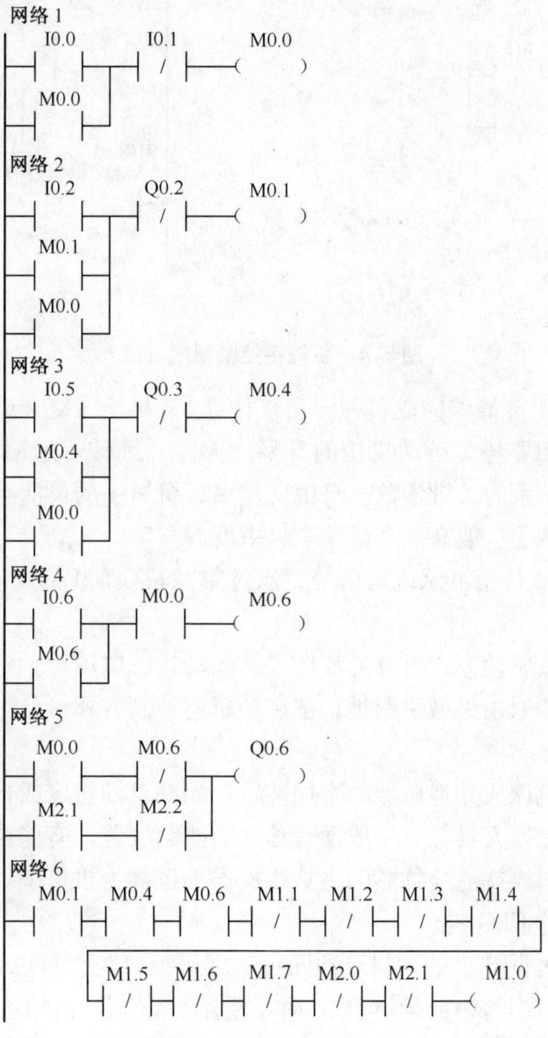

图 5-4　机械手控制程序

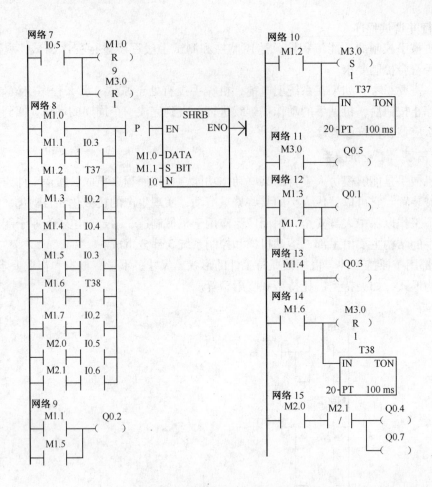

图 5-4　机械手控制程序（续）

② 运动机构使得手部能够完成各种转动（摆动）、移动或复合运动，从而实现规定的动作，改变工件的位置和姿势。运动机构的升降、伸缩、旋转等运动方式称为机械手的自由度。自由度是设计机械手的关键参数，自由度越多，机械手的灵活性越大，通用性越广，结构也越复杂。专用机械手一般有 2 个或 3 个自由度。

③ 控制系统是接收传感器感应的信号，通过单片机、DSP 或 PLC 程序来实现对机械手的控制。

机械手的种类，按驱动方式可分为液压式、气动式、电动式、机械式机械手；按适用范围可分为专用机械手和通用机械手两种；按运动轨迹控制方式可分为点位控制和连续轨迹控制机械手等。

机械手通常用作机床或其他机器的附加装置，如在自动机床或自动生产线上装卸和传递工件，在加工中心中更换刀具等，一般没有独立的控制装置。有些操作装置需要由人直接操纵，如用于原子能部门操持危险物品的主从式操作手也称为机械手。

任务二　传送带的 PLC 控制

任务要求：将传送带 B 上的物料送到固定区域进行打包，打包数量为 15 个，由光电传感器对物料进行计数。当物料数量小于 10 时，指示灯常亮，当物料数量等于或大于 10 时，指示灯闪烁，当物料数量等于 15 时，10s 后传送带停止，同时指示灯熄灭。

1. 列出 I/O 分配表

根据控制要求，可以列出 PLC 控制的传送带的 I/O 口地址分配表，如表5-3 所示。

表5-3   输入/输出地址分配表

输　入		输　出	
输入元件	地址	输出元件	地址
启动按钮 SB3	I1.0	传送带 B	Q0.7
停止按钮 SB4	I1.1	指示灯 HL	Q1.0
光电传感器 PS2	I1.2		

2. 画出 PLC 接线图

根据 I/O 分配表，画出 PLC 外部接线图，如图5-5 所示。

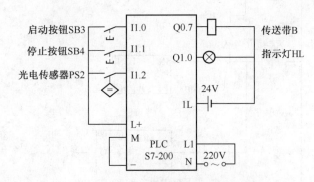

图5-5　传送带控制外部接线图

3. 编写 PLC 梯形图程序

根据传送带的工作过程以及 PLC 的 I/O 分配，可以编写出由 PLC 控制的传送带运行程序，梯形图程序如图5-6 所示。

系统上电时，将数据 0 送至变量存储器 VW0。按下启动按钮 I1.0，传送带 B 开始运行。每当光电传感器 PS2 检测到物料时，增指令累加计数，物料数量小于 10 时，则指示灯 Q1.0 常亮；物料数量等于或大于 10 时，指示灯闪烁；物料数量大于 14 时，定时器 T39 延时 10s，断开传送带 Q0.7，同时熄灭指示灯，并对 VW0 清零。

4. 运行并调试程序

按照图5-5 所示连接传送带的控制电路，启动编程软件，将程序下载到 PLC 中，运行并调试程序。

① 按下启动按钮 I1.0，传送带 B 运行。

② 物料数量小于 10，指示灯常亮。

③ 物料数量等于或大于 10，指示灯闪烁。

④ 物料数量等于 15 时，传送带延时 10s 停止，同时指示灯熄灭。

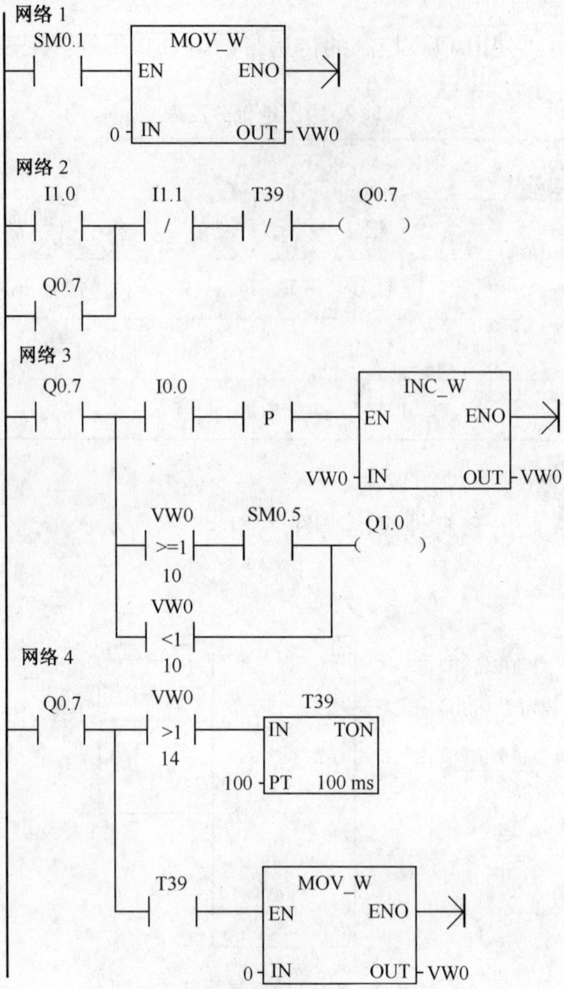

图 5-6　传送带控制程序梯形图

5.2　项目基本知识

知识点一　移位指令

移位指令分为左、右移位，循环左、右移位和寄存器移位指令 3 类。前两类移位指令移位数据的长度可以是字节 B、字 W 和双字 DW 3 种。在程序中，移位指令可用于实现乘 2 或除 2 等运算，还可用于对顺序动作的控制，如机械手的 PLC 控制等。

1. 左、右移位指令

左、右移位指令的功能是在使能端 EN 输入有效时，把字节型（字型或双字型）输入数据 IN 左移或右移 N 位后，再将结果输出到 OUT 所指示的存储单元，并将最后一次移出位存在 SM1.1 中，移出位自动补零。左、右移位指令格式如表 5-4 所示。

字节型、字型和双字型移位指令的最大实际移位数 N 分别为 8、16 和 32。如果所需要移位次数大于移位数据的位数，则超出的次数无效。如字节左移时，若移位次数设为 10，则指令实际执行的结果只移位 8 次，而不是设定值 10。如果移位操作使数据变为 0，则零存储器标志位（SM1.0）自动置位。

表5-4 　　　　　　　　　　　左、右移位指令

项　目	字　节　型	字　型	双　字　型
左移	SHL_B EN　ENO IN　OUT N	SHL_W EN　ENO IN　OUT N	SHL_DW EN　ENO IN　OUT N
右移	SHR_B EN　ENO IN　OUT N	SHR_W EN　ENO IN　OUT N	SHR_DW EN　ENO IN　OUT N

运行图 5-7 所示的移位指令程序，观察运行结果。在图 5-7（a）中，接通 I1.0，数据 1 被送到 QB0，Q0.0 被接通。然后接通 I1.1，可以发现 QB0 中的数据并没有左移 1 位。这是由于移位指令是连续运行指令，只要 EN 输入是有效的，则移位就会不停地重复进行。为保证当 I1.1 接通时，每次都是左移 1 位，需要加上脉冲正跳变指令，如图 5-7（b）所示。

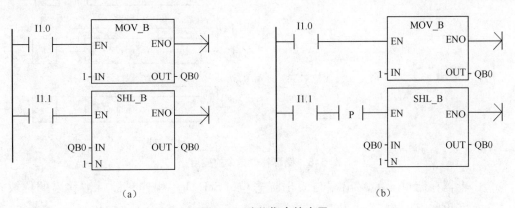

（a）　　　　　　　　　　　　　（b）

图 5-7　移位指令的应用

2. 循环左、右移位指令

循环移位指令将移位数据存储单元的首尾相连，同时又与溢出标志位（SM1.1）连接。在使能端 EN 输入有效时，把字节型（字型或双字型）输入数据 IN 左移或右移 N 位后，再将结果输出到 OUT 所指示的存储单元，并将最后一次移出位送到 SM1.1 中。

字节型、字型和双字型移位指令的最大实际移位数 N 分别为 8、16 和 32。如果所需要移位次数大于移位数据的位数，则在执行循环移位之前，系统先对设定值取以数据长度为底的模，用小于数据长度的结果作为实际循环移位的次数。例如，字左移时，若移位次数设为 22，则先对 22 取以 16 为底的模，得到的结果为 6，那么，指令实际执行的结果是循环移位 6 次。如果移位操作使数据变为 0，则零存储器标志位 SM1.0 自动置位。循环左、右移位指令格式如表 5-5 所示。

运行图 5-8（a）所示的循环移位指令程序，程序运行的过程如图 5-8（b）所示，运行

结果使得零存储器标志位 SM1.0 = 0，溢出标志位 SM1.1 = 0。

3. 寄存器移位指令

寄存器移位指令能够指定移位寄存器的长度和移位方向。当使能端 EN 输入有效时，移位寄存器移动 1 位。最大移位长度为 64 位。寄存器移位指令格式如表 5-6 所示。

表 5-5　　　　　　　　　　　　　　　　循环左、右移位指令

项　目	字　节　型	字　型	双　字　型
循环 左移	ROL_B EN　ENO IN　OUT N	ROL_W EN　ENO IN　OUT N	ROL_DW EN　ENO IN　OUT N
循环 右移	ROR_B EN　ENO IN　OUT N	ROR_W EN　ENO IN　OUT N	ROR_DW EN　ENO IN　OUT N

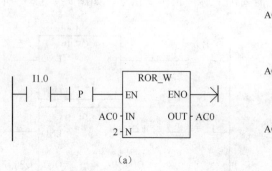

(a)

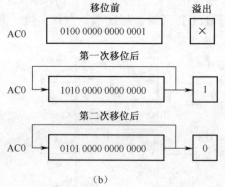

(b)

图 5-8　循环移位指令的应用

移位寄存器存储单元的移出端与溢出标志位（SM1.1）相连，最后被移出的位放在 SM1.1 位存储单元内。

表 5-6　　　　　　　　　　　　　　　　寄存器移位指令

梯形图	说　明
SHRB EN　ENO DATA S_BIT N	① DATA 为数据输入，移位时将该位的值移入移位寄存器
	② S_BIT 为移位寄存器的最低位端
	③ N 指定移位寄存器的长度和移位方向。N 为正值时，进行正向移位（从最低字节的最低位 S_BIT 移入，从最高字节的最高位移出）；N 为负值时，进行反向移位（从最高字节的最高位移入，从最低字节的最低位 S_BIT 移出）

图 5-9（a）所示为寄存器移位指令的应用，图 5-9（b）所示为程序执行的过程，运行结果使得溢出标志位 SM1.1 = 1。

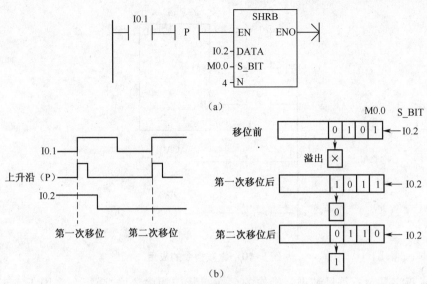

图5-9 寄存器移位指令的应用

知识点二 比较指令

比较指令是将两个数值或字符串按照指定的条件进行比较的指令，当条件成立时，触点闭合。在实际应用中，比较指令多用于上、下限控制及数值条件的判断。比较指令格式如表5-7所示。

比较指令的类型有：字节比较、整数比较、双字整数比较、实数比较和字符串比较。

数值比较指令的运算符：等于（ = = ），大于等于（ > = ），小于等于（ < = ），大于（ > ），小于（ < ），不等于（ < > ）。

比较指令以触点的形式出现在梯形图中，因此有"装载指令 LD"、"串联指令 A"和"并联指令 O" 3 种基本形式。

表5-7 比较指令

项目	形 式				
	字节比较	整数比较	双字整数比较	实数比较	字符串比较
梯形图（以 = = 为例）	IN1 —+==B+— IN2	IN1 —+==I+— IN2	IN1 —+==D+— IN2	IN1 —+==R+— IN2	IN1 —+==S+— IN2

【例】 有一个停车场，需要对进出的车辆进行计数，车辆多于50辆时，指示灯 HL1 亮；车辆多于100辆时，指示灯 HL2 亮。指示灯 HL1 和 HL2 由 PLC 的输出 Q0.0 和 Q0.1 控制。梯形图程序如图 5-10 所示。

程序中，使用了增/减计数器对车辆的数量进行控制，输入按钮 I0.0 每接通一次表示车辆数量增加一辆，输入按钮 I0.1 每接通一次表示车辆数量减少一辆，输入按钮 I0.2 用于复位计数器，计数器的最大设定值 PV 为200。

知识点三 增/减指令

增/减指令也称为自增/自减指令。它是对无符号或有符号整数进行自动增 1 或减 1 的操作，操作数据的长度可以是字节 B、字 W 或双字 DW。其中，字节增减是对无符号数进行操

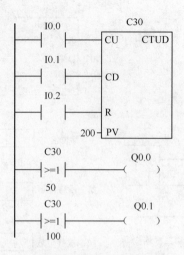

图 5-10　比较指令的应用

作的，字或双字是对有符号数进行操作的。在实际应用中，增/减指令多用于实现累加计数和循环控制等。增/减指令格式如表 5-8 所示。

表 5-8　增/减指令

项目	增指令		
	字节增1	字增1	双字增1
梯形图	INC_B EN ENO IN OUT	INC_W EN ENO IN OUT	INC_DW EN ENO IN OUT
项目	减指令		
	字节减1	字减1	双字减1
梯形图	DEC_B EN ENO IN OUT	DEC_W EN ENO IN OUT	DEC_DW EN ENO IN OUT

当使能端 EN 输入有效时，将输入的数据 IN 进行加 1 或减 1 操作，运算的结果通过 OUT 送到指定的存储单元输出。

如图 5-11 所示，上电时 QB0 自动清零，I1.0 每接通一次，QB0 的数据被执行加 1 操

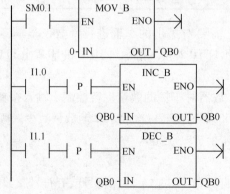

图 5-11　增/减指令的应用

作后存储, 即: (QB0) +1→ (QB0); I1.1 每接通一次, QB0 的数据被执行减 1 操作后存储, 即: (QB0) −1→ (QB0)。

项目学习评价

一、思考练习题

1. 有 3 组节日彩灯, 每组按照红灯、绿灯和黄灯的顺序排列。需要实现以下控制要求: ① 每 0.5s 移动 1 个彩灯; ② 每次亮 1s; ③ 由一个开关控制彩灯的点亮方式, 每次点亮 1 盏彩灯或者每次点亮 1 组彩灯。

2. 把图 5-12 的程序下载到 PLC 中, 并按照以下步骤调试, 将调试结果填入表 5-9 内。

① I0.0 触点一直处于接通状态, I0.1 触点接通 1 次。

② I0.0 触点一直处于接通状态, I0.1 触点接通 2 次。

③ I0.0 触点一直处于接通状态, I0.1 触点接通 3 次。

3. 把图 5-13 的程序下载到 PLC 中, 并按照以下步骤调试, 观察 PLC 输出单元上的指示灯与分析结果是否一致, 画出输入、输出信号的时序图。

① 合上 I0.0、I0.1 开关, 观察 Q0.0~Q0.3 指示灯的变化。

② 合上 I0.0、I0.1 开关, 观察 Q0.0~Q0.3 指示灯的变化, 待 Q0.0~Q0.3 指示灯全部发光后断开 I0.1 开关, 观察 Q0.0~Q0.4 指示灯的变化。

③ 合上 I0.0、I0.1 开关, 接通 5s 后再断开 I0.1 开关, 观察 Q0.0~Q0.4 指示灯的变化。

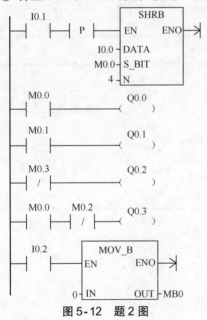

图 5-12 题 2 图   图 5-13 题 3 图

表 5-9   调试结果记录

	Q0.0	Q0.1	Q0.2	Q0.3	Q0.4
1					
2					
3					

4. 某生产线上有 5 台电动机，要求每台电动机间隔 10s 启动，试用比较指令编写启动控制程序。

5. 应用比较指令编程产生断电 6s、通电 4s 的脉冲输出信号。

二、学习过程记录单

通过对教材的学习和教师的讲解，学生将已理解的内容（要点）和有所不解并需要教师指导的问题详细填入下表，并上交。

学习过程记录单

项目五	物料搬运系统的 PLC 控制				
班 级		姓 名		计划完成学时	
组 别		小组人员		实际完成学时	
学习内容	学习的内容		掌握程度（学生填写）		
			好	一般	差
基本理论	① 掌握移位指令				
	② 掌握比较指令				
	③ 掌握增/减指令				
实操技能	① 熟练掌握 I/O 端口的分配				
	② 熟练掌握 PLC 的外部接线图				
	③ 熟练掌握物料搬运系统的编程方法				
	④ 正确运行和调试程序				
实操记录					
教师点评					

三、个人学习总结

成功之处	
不足之处	
改进方法	

项目六　数码管的 PLC 控制

项目情境创设

在生产和生活中，常用"七段数码管"作为数字显示时间、日期、温度和数量等。本项目中，我们将通过铁塔之光和抢答器来学习由 PLC 控制的数码管显示。

项目学习目标

	项目教学目标	教学方式	学时
技能目标	① 掌握铁塔之光的 PLC 控制 ② 掌握抢答器的 PLC 控制	学生实际练习，教师指导编程和调试	6
知识目标	掌握子程序调用指令和七段编码指令	教师讲授重点：相关指令的知识	6

项目基本功

6.1　项目基本技能

任务一　铁塔之光的 PLC 控制

铁塔之光是利用彩灯对铁塔进行装饰，从而达到烘托铁塔的效果。铁塔之光的控制示意图如图6-1所示，由铁塔彩灯和数码显示两部分组成。针对不同的场合，对彩灯的运行方式也有不同的要求，可以自行设计。

铁塔之光的控制要求一：打开总开关按钮 SA 后，彩灯能够按照 A、B 两种方式循环闪烁。当按下按钮 SB1 时，彩灯的循环方式 A 为：1、2、3，4、5、6，7、8、9；当按下按钮 SB2 时，彩灯的循环方式 B 为：1、3、5、7、9，1、2、4、6、8。彩灯闪烁的间隔时间均为1s。

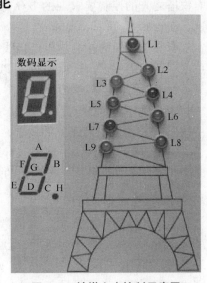

图6-1　铁塔之光控制示意图

1. 列出 I/O 分配表

根据对彩灯闪烁过程的分析，可以列出 PLC 控制 I/O 口地址分配表，如表 6-1 所示。

表 6-1　　　　　　　　　　　　输入/输出地址分配表

输入		输出			
输入元件	地址	输出元件	地址	输出元件	地址
总开关按钮 SA	I0.0	彩灯 L1	Q0.0	七段译码管 A	Q1.1
A 循环按钮 SB1	I0.1	彩灯 L2	Q0.1	七段译码管 B	Q1.2
B 循环按钮 SB2	I0.2	彩灯 L3	Q0.2	七段译码管 C	Q1.3
		彩灯 L4	Q0.3	七段译码管 D	Q1.4
		彩灯 L5	Q0.4	七段译码管 E	Q1.5
		彩灯 L6	Q0.5	七段译码管 F	Q1.6
		彩灯 L7	Q0.6	七段译码管 G	Q1.7
		彩灯 L8	Q0.7		
		彩灯 L9	Q1.0		

2. 画出 PLC 接线图

根据 I/O 分配表，画出 PLC 外部接线图，如图 6-2 所示。图 6-2 中只给出了输出端的接线，读者可以根据需要将输入端的连线接好。

3. 编写 PLC 梯形图程序

根据铁塔之光彩灯闪烁的工作过程以及 PLC 的 I/O 分配，可以编写出由 PLC 控制的铁塔之光运行程序，梯形图程序如图 6-3 所示。

铁塔之光的控制要求二：PLC 运行后，铁塔上的彩灯按照顺序从上到下依次点亮，同时，七段数码管依次显示 0~9 这 10 个数字，如此循环往复地运行。

铁塔之光的控制要求二的 I/O 分配表如表 6-1 所示，在这个任务里，要求 PLC 上电后，自动运行，没有开关按钮的控制。PLC 接线图如图 6-2 所示。根据任务的要求，可以编写出 PLC 控制的铁塔之光运行参考程序，梯形图程序如图 6-4 所示。

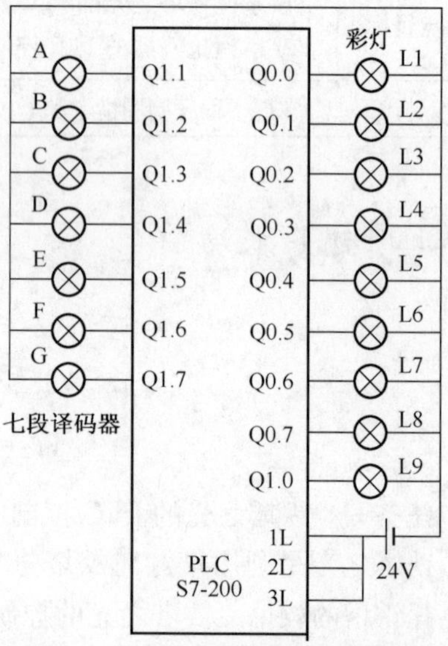

图 6-2　铁塔之光控制外部接线图

4. 运行并调试程序

按照铁塔之光控制任务的要求，运用监控和测试手段逐步进行程序调试，观察运行结果，看是否符合控制要求。并思考：①如何改变灯光的时间间隔？②如何使同一种颜色的灯光同时亮灭？

知识拓展　七段数码管

在生产和生活中，常用"七段数码管"作为数字显示，如交通信号灯的时间显示牌，产品数量显示等。如图 6-5 所示，七段数码管是由 7 个发光二极管排列成的数码显示器。发光二极管分别用 a、b、c、d、e、f、g 7 个字母表示，按一定的形式排列成"日"字形。通过字段的不同组合，可显示 0~9 这 10 个数字，以及十六进制数字 A~F。

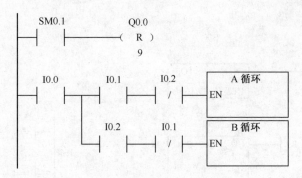

（a）主程序

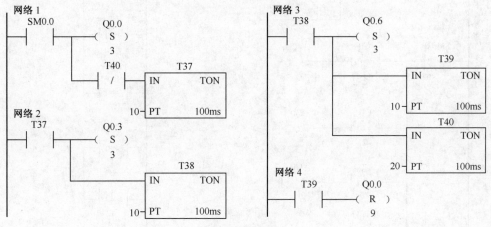

（b）A 循环子程序

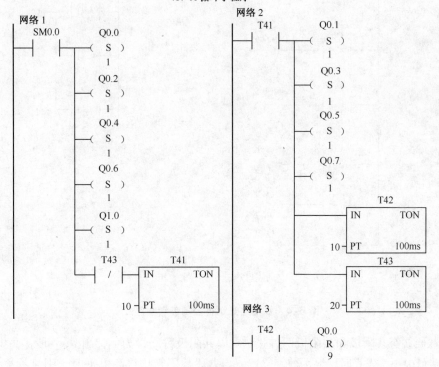

（c）B 循环子程序

图 6-3　铁塔之光运行控制参考程序一

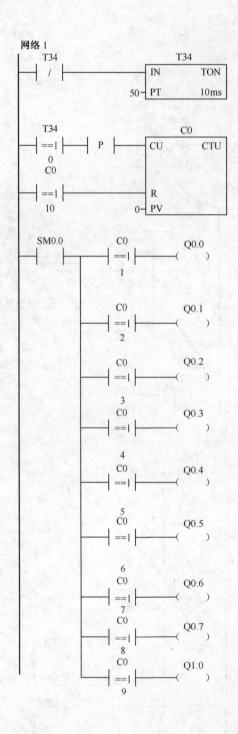

图6-4 铁塔之光运行控制参考程序二

七段数码管有共阴极和共阳极两种接法。以共阴极数码管为例，当 b、c 段接高电平发光，而其他段接低电平不发光时，显示数字"1"。当七段数码管均接高电平时，则显示数字"8"。

共阴极接法时，七段数码管的显示代码如表6-2所示。

网络 7

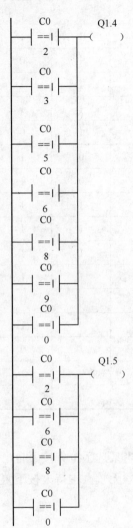

网络 9

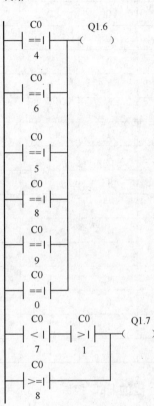

图 6-4　铁塔之光运行控制参考程序二（续）

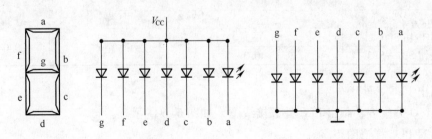

（a）共阳极接法　　　　　（b）共阴极接法

图 6-5　七段数码管

表 6-2 七段数码管的显示代码

十进制数码	七段显示电平							十六进制显示代码
	g	f	e	d	c	b	a	
0	0	1	1	1	1	1	1	16#3F
1	0	0	0	0	1	1	0	16#06
2	1	0	1	1	0	1	1	16#5B
3	1	0	0	1	1	1	1	16#4F
4	1	1	0	0	1	1	0	16#66
5	1	1	0	1	1	0	1	16#6D
6	1	1	1	1	1	0	1	16#7D
7	0	0	0	0	1	1	1	16#07
8	1	1	1	1	1	1	1	16#7F
9	1	1	0	0	1	1	1	16#67
A	1	1	1	0	1	1	1	16#77
B	1	1	1	1	1	0	0	16#7C
C	0	1	1	1	0	0	1	16#39
D	1	0	1	1	1	1	0	16#5E
E	1	1	1	1	0	0	1	16#79
F	1	1	1	0	0	0	1	16#71

任务二 抢答器的 PLC 控制

任务要求：一个由 3 人组成的抢答竞赛活动，要求当某选手抢先按下自己的按钮时，则显示该选手的号码，同时，其他选手按下按钮的输入信号无效。主持人按下复位按钮清除显示号码后，比赛才能继续进行。

1. 列出 I/O 分配表

根据控制要求，可以列出 PLC 控制的抢答器的 I/O 口地址分配表，如表 6-3 所示。

表 6-3 输入/输出地址分配表

输　入		输　出	
输入元件	地址	输出元件	地址
复位按钮 SB0	I0.0	七段数码管 a~g	Q0.0 ~ Q0.6
选手按钮 SB1 ~ SB3	I0.1 ~ I0.3		

2. 画出 PLC 接线图

根据 I/O 分配表，画出 PLC 外部接线图，如图 6-6 所示。

3. 编写 PLC 梯形图程序

根据抢答器的要求以及 PLC 的 I/O 分配，可以编写出由 PLC 控制的抢答器运行程序，梯形图程序如图 6-7 所示。

在网络 1 中，当主持人按下复位按钮 I0.0 时，对 M0.1 复位，输出继电器字节 QB0 清零，选手处于准备抢答状态。

在网络 2 中，当 1 号选手按下按钮 I0.1 时，"1"的显示码"16#06"被送到输出继电器字节 QB0，驱动相应的发光二极管点亮，则七段数码管显示数字"1"。同时置位 M0.1，断开所有传送数据至 QB0 的通路，因此，其他选手按下按钮无效。其他选手的抢答过程与此类似。

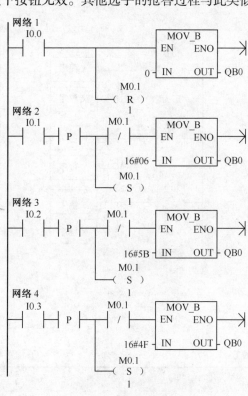

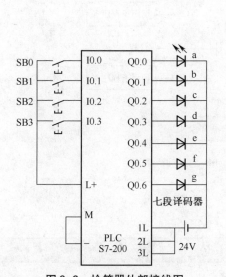

图6-6 抢答器外部接线图

图6-7 抢答器控制程序

4. 运行并调试程序

按照图 6-6 所示连接抢答器的控制电路，启动编程软件，将程序下载到 PLC 中，运行并调试程序。

6.2 项目基本知识

知识点一 子程序调用指令

1. 子程序调用指令

PLC 的控制程序一般由主程序、子程序和中断程序组成。其中，子程序是具有特定功能并需要多次使用的程序段。子程序使程序段成为较小的、更易管理的程序块。主程序决定具体子程序的执行情况。当主程序调用某子程序时，则执行子程序的全部指令直至结束，然后返回到调用子程序的主程序。如图 6-8 所示，由于 X 程序被重复使用，因此为了简化程序结构，可以将 X 程序作为子程序。

子程序指令有子程序调用和子程序返回两大类。子程序指令格式如表 6-4 所示。

子程序指令说明如下。

① 子程序调用指令用在主程序或其他调用子程序的程序中。在调用子程序时，子程序

调用指令将程序控制权交给子程序。子程序执行完毕后，返回到调用子程序指令的下一条指令。

② 一个程序中可以有多个子程序，默认程序名为 SBR_ 0 ~ SBR_ N，用户也可以自己定义子程序名。

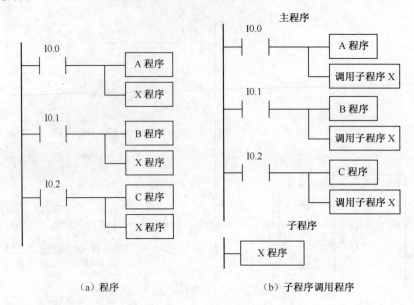

（a）程序 　　　　　　　　　　　　　（b）子程序调用程序

图 6-8　子程序调用

表 6-4　　　　　　　　　　　　　　子程序指令

梯形图	指令表	功能
SBR_N —EN	CALL SBR_ N	子程序调用
—（ RET ）	CRET	子程序条件返回

③ 子程序返回指令是指当条件满足时，结束子程序的执行，返回到调用此子程序的下一条指令。

④ 子程序的无条件返回指令在子程序的最后网络段。STEP7 - Micro/WIN 梯形图指令系统能够自动生成子程序的无条件返回指令，用户无需输入。

2. 建立子程序的方法

建立子程序的方法有如下几种。

① 从"编辑"菜单，选择"插入（Insert）"→"子程序（S）"。

② 从"指令树"，用鼠标右键点击"程序块"图标，并从弹出菜单中选择"插入（Insert）"→"子程序（S）"。

③ 从"程序编辑器"窗口，用鼠标右键点击并从弹出菜单选择"插入（Insert）"→"子程序（S）"。

程序编辑器从先前显示的程序段，更改为新的子程序窗口。程序编辑器的底部会出现一个新标签"SBR_ N"，代表新的子程序。子程序也将出现在指令树中。此时，可以对新子程序编程，或者保留子程序，返回先前的程序段位置进行编程。

运行图6-9及图6-10所示的子程序调用和子程序返回程序。图6-9中，当I0.0为1时，调用子程序SBR_0。图6-10中，当I0.1为1时，不执行网络2，直接返回；当I0.1为0时，执行网络2后无条件返回。

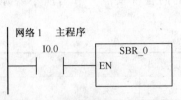

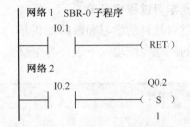

图6-9　子程序调用指令的应用　　　　图6-10　子程序返回指令的应用

知识点二　七段编码指令 SEG

七段编码指令SEG具有七段码译码功能，可以自动编出待显示数码的七段显示码。七段编码指令格式如表6-5所示。

表6-5　　　　　　　　　　　　　　　七段编码指令

梯形图	SEG EN　ENO IN　OUT
指令表	SEG IN，OUT
功能	当使能输入有效时，编译字节型输入数据的低4位，产生相应的七段显示码，并将其输出到OUT指定的单元

七段编码指令的说明如下。

① IN 为需要进行编码的源操作数，OUT 为存储七段编码的目标操作数。IN、OUT 的数据类型为字节 B。

② SEG 指令是对4位二进制数进行编码，若源操作数大于4位，只对最低4位编码。

【例】　输出4的七段显示码，程序如图6-12所示。

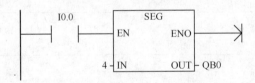

图6-11　七段编码指令的应用

当按钮 I0.0 接通时，七段编码指令 SEG 对数字4进行编码，并将编码存储到 QB0，即输出继电器 Q0.7~Q0.0 的位状态为 0110 0110。

项目学习评价

一、思考练习题

1. 有3盏彩灯：红灯、绿灯和黄灯。按照此排列顺序，3盏灯轮流点亮1s，反复运行9次后熄灭。要求用七段数码管实时显示每盏灯点亮的次数。由按钮SB1作显示的启动控制，开关 SA1 作显示的关闭控制，开关 SA2 作 "0" 显示控制。

2. 用七段编码指令 SEG 编写一个用数码显示的 5 人竞赛抢答器。

3. 用 PLC 控制实现：当分别按下按钮 SB1 ~ SB6 时，分别显示对应的字母 a ~ f。

二、学习过程记录单

通过对教材的学习和教师的讲解，学生将已理解的内容（要点）和有所不解并需要教师指导的问题详细填入下表，并上交。

学习过程记录单

项目六	数码管的 PLC 控制				
班　级		姓　名		计划完成学时	
组　别		小组人员		实际完成学时	
学习内容	学习的内容		掌握程度（学生填写）		
			好	一般	差
基本理论	① 掌握子程序调用指令				
	② 掌握七段编码指令				
实操技能	① 熟练掌握 I/O 端口的分配				
	② 熟练掌握 PLC 的外部接线图				
	③ 熟练掌握铁塔之光的编程方法				
	④ 熟练掌握抢答器的编程方法				
	⑤ 正确运行和调试程序				
实操记录					
教师点评					

三、个人学习总结

成功之处	
不足之处	
改进方法	

项目七 PLC 的维护与故障诊断

项目情境创设

PLC 是以弱电信号工作的电子设备，如果使用不当或环境条件恶化，都会增加故障率，因而需要对 PLC 的常见故障现象进行分析和判断，并对 PLC 进行定期的检修和维护。本项目中，我们就来学习 PLC 的故障检查与维护问题。

项目学习目标

	项目教学目标	教学方式	学时
技能目标	① 了解 S7-200 PLC 故障诊断方法 ② 具备 S7-200 软硬件的故障排除技能	学生实际练习，教师指导故障诊断和维护	4
知识目标	① 了解 S7-200 自诊断功能及常见故障 ② 掌握 S7-200 常见的故障现象及排除方法	教师讲授重点：常见的故障现象及排除方法	4

项目基本功

7.1 项目基本技能

任务一 利用 PLC 的自诊断功能进行故障诊断

PLC 本身具有完善的自诊断功能，当出现故障时，应当充分利用 PLC 的自诊断功能来查找故障原因。常见的 PLC 自身故障有电源系统故障、主机故障、通信系统故障、模块故障等。

当 PLC 发生故障时，首先需要对 PLC 进行总体检查，找出故障点的方向，然后根据检查的线索，再分项具体检查，确定具体故障点，达到消除故障的目的。常见故障的总体检查与检查过程如图 7-1 所示。

1. 电源故障检查与排除

在 PLC 系统中，主机电源、扩展机电源、模块中的电源，任何电源显示不正常时都会进入电源故障检查流程。

当向 PLC 基本单元供电时，电源（+24V DC）指示灯或 PLC 的工作状态（STOP、

RUN、SF）指示灯至少有一个会亮。如果上述指示灯均不亮，则说明 PLC 电源存在问题；如果各部分功能正常，则说明是 LED 显示有故障。否则应首先检查外部电源。如果外部电源无故障，再检查系统内部电源。

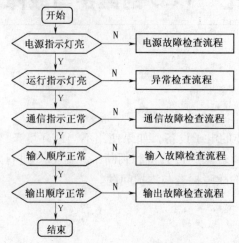

图 7-1　常见故障与检查过程

检查外部电源时，首先要确认电源接线。若是同一电源驱动多个传感器负载时，要确认有无负载短路或过电流。若非上述原因，则可能是 PLC 内混入导电性异物或其他异常情况。可在清除故障源后，更换损坏部件。电源故障的检查与排除如表 7-1 所示。

表 7-1　　　　　　　　　　　　　　　　电源故障的检查与排除

故障现象	故障原因	解决办法
电源指示灯灭 PLC 工作状态指示灯灭	指示灯坏或保险丝断	更换指示灯或保险丝
	无供电电压	加入供电电源电压
		检查电源接线和插座，使之正常
	供电电压超过限定值	调整电源电压至规定范围
	电源板坏	更换电源板配件

2. 异常故障检查与排除

PLC 系统最常见的故障是停止运行（运行指示灯灭）、不能启动等，但电源指示灯亮。这时需要进行异常故障检查。异常故障的检查与排除如表 7-2 所示。

表 7-2　　　　　　　　　　　　　　　　异常故障的检查与排除

故障现象	故障原因	解决办法
不能启动	内存自检系统出错	清内存、初始化
	CPU 内存板故障	更换 CPU 内存板
工作不稳定，频繁停机	主机系统模块接触不良	清理、重插
	CPU 内存板内元器件松动	清理、按压元器件
	CPU 内存板故障	更换 CPU 内存板
与编程器（微机）不通信	通信电缆插接松动	按紧后重新联机
	通信电缆故障	更换电缆
	内存自检出错	内存清零，拔去停电记忆电池几分钟后再联机
	通信口参数不对	检查参数和开关，重新设定
	主机通信故障	更换
	编程器通信口故障	更换

续表

故障现象	故障原因	解决办法
程序不能装入	内存没有初始化 CPU 内存板故障	清内存，重新写入 更换 CPU 内存板

3. 通信故障检查与排除

工业通信是 PLC 网络工作的基础。通过主站及各从站的通信处理器、通信模块上的工作指示灯来判断通信是否存在故障。当通信不正常时，需要进行通信故障检查。通信故障的检查与排除如表 7-3 所示。

表 7-3 通信故障的检查与排除

故障现象	故障原因	解决办法
单一模块不通信	接插不好 模块故障 组态不对	按紧接插或更换 更换模块 重新组态
从站不通信	分支通信电缆故障 通信处理器松动 通信处理器地扯开关错 通信处理器故障	拧紧插接件或更换 拧紧 重新设置 更换通信处理器
主站不通信	通信电缆故障 调制解调器故障 通信处理器故障	排除故障、更换 断电后再启动，无效则更换 清理后再启动，无效则更换
通信正常，但通信故障灯亮	模块插入或接触不良	插入并按紧
通信接口不良	带电插拔通信电缆	更换接口电路

4. 输入故障检查与排除

输入/输出模块直接与外部设备相连，容易出现故障，必须查明原因，及时消除故障，否则将对 PLC 系统产生较大危害。输入故障检查与排除如表 7-4 所示。

表 7-4 输入故障的检查与排除

故障现象	故障原因	解决办法
输入模块单点损坏	过电压，特别是高压串入	消除过电压和串入的高压
输入全部不接通	未加外部输入电源 外部输入电压过低 端子接线螺钉松动 端子板连接器接触不良	接通电源 加额定电源电压 将螺钉拧紧 将端子板锁紧或更换
输入全部断电	输入回路不良	更换模块
特定编号输入点不接通	输入器件不良 输入配线断线 输入光电隔离失效 输入信号接通时间过短 OUT 指令用了该输入号	更换 检查输入配线排除故障 更换光电隔离 调整输入器件 修改程序
特定编号输入点不关断	输入回路不良 OUT 指令用了该输入号	更换模块 修改程序

故障现象	故障原因	解决办法
输入不规则地通、断	外部输入电压过低 噪声引起误动作	调整输入电压到额定范围内 采取抗干扰措施
异常输入点编号连续	输入模块公共端螺钉松动 CPU 不良	拧紧螺钉 更换 CPU
输入动作指示灯不亮	指示灯坏	更换指示灯

5. 输出故障检查与排除

输出指示灯亮，但由于负载过载、短路或容性负载的冲击电流等原因，引起输出继电器触点不能接通，可以判断是输出单元的故障。输出故障的检查与排除如表 7-5 所示。

表 7-5   输出故障的检查与排除

故障现象	故障原因	解决办法
输出模块单点损坏	过电压，特别是高压串入	消除过电压和串入的高压
输出全部不接通	未加负载电源 负载电源电压低 端子螺钉松动 端子板连接器接触不良 保险丝熔断 I/O 总线插座接触不良 输出回路不良	接通电源 加额定电源电压 将螺钉拧紧 将端子板锁紧或更换 更换保险丝 更换 I/O 总线插座 更换模块
输出全部不关断	输出回路不良	更换模块
特定编号输出点不接通	输出接通时间短 程序中继电器号重复 输出器件不良 输出配线断线 输出继电器不良	更换 修改程序 更换 检查输出配线排除故障 更换输出继电器
特定编号输出不关断	输出继电器不良 漏电流或残余电压使其不能关断	更换输出继电器 更换负载或添加假负载电阻
输出端不规则地通、断	外部输出电压过低 噪声引起误动作	调整输入电压到额定范围内 采取抗干扰措施
异常输出点编号连续	输出模块公共端螺钉松动 保险丝坏	拧紧螺钉 更换保险丝
输出动作指示灯不亮	指示灯坏	更换指示灯

任务二 利用 PLC 的软件资源进行故障诊断

S7-200 PLC 拥有大量的软件资源，可以利用其进行故障检查。单击主菜单上的"PLC→信息"即可查到故障的错误代码，如图 7-2 所示。PLC 信息如图 7-3 所示。

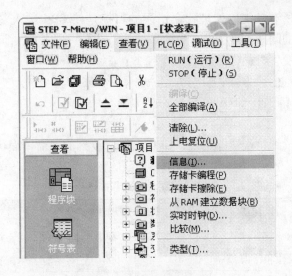

图 7-2　查看故障信息

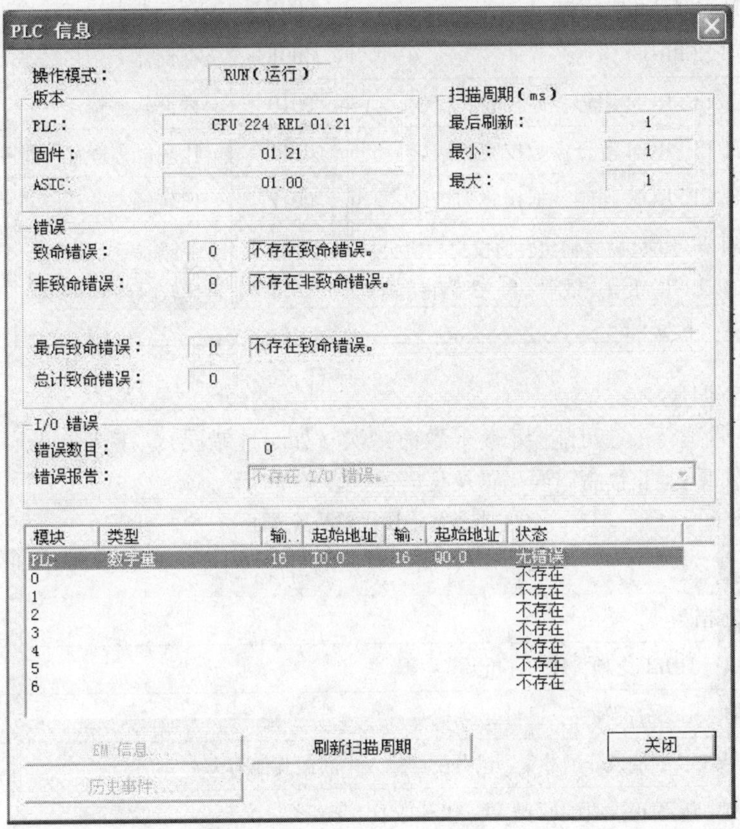

图 7-3　PLC 信息

由故障代码表可以检查出 3 种错误。

1. 致命错误代码和信息

致命错误会导致 CPU 停止执行用户程序。依据错误的严重性，一个致命错误会导致

CPU 无法执行某个或所有功能。处理致命错误的目标是使 CPU 进入安全状态,可以对当前存在的错误状况进行询问并响应。

当一个致命错误发生时,CPU 执行以下任务:

① 进入 STOP(停止)方式;

② 点亮系统致命错误和 STOP 指示灯;

③ 断开输出。

这种状态将会持续到错误清除之后。CPU 上可以读到的致命错误代码及其描述如表 7-6 所示。

表 7-6　　　　　　　　　　　　　　　　致命错误代码及其描述

错误代码	错误描述	错误代码	错误描述
0000	无致命错误	000B	存储器卡上用户程序校验和错误
0001	用户程序校验和错误	000C	存储器卡配置参数校验和错误
0002	编译后的梯形图程序校验和错误	000D	存储器卡强制数据校验和错误
0003	扫描看门狗超时错误	000E	存储器卡缺省输出表值校验和错误
0004	内部 EEPROM 错误	000F	存储器卡用户数据 DB1 校验和错误
0005	内部 EEPROM 用户程序校验和错误	0010	内部软件错误
0006	内部 EEPROM 配合参数校验和错误	0011	比较触点间接寻址错误
0007	内部 EEPROM 强制数据校验和错误	0012	比较触点非法浮点值
0008	内部 EEPROM 缺省输出表值校验和错误	0013	存储器卡空或 CPU 不识别该卡
0009	内部 EEPROM 用户数据 DBl 校验和错误	0014	比较触点范围错误
000A	存储器卡失灵		

2. 运行程序错误

在程序的正常运行中,可能会产生非致命错误(如寻址错误)。在这种情况下,CPU 会产生一个非致命错误代码。非致命错误代码及其描述如表 7-7 所示。

表 7-7　　　　　　　　　　　　　　　　非致命错误代码及其描述

错误代码	错误描述
0000	无错误
0001	执行 HDEF 之前,HSC 不允许
0002	输入中断分配冲突,已分配给 HSC
0003	到 HSC 的输入分配冲突,已分配给输入中断或其他 HSC
0004	在中断程序中试图执行 ENI、DISI 或 HDEF 指令
0005	第一个 HSC/PLS 未执行完之前,又企图执行同编号的第二个 HSC/PLS
0006	间接寻址错误
0007	TODW(写实时时钟)或 TODR(读实时时钟)数据错误
0008	用户子程序嵌套层数超过规定
0009	在程序执行 XMT 或 RCV 时,通信口 0 又执行另一条 XMT 或 RCV 指令

续表

错误代码	错误描述
000A	在同一 HSC 执行时，又企图用 HDEF 指令再定义该 HSC
000B	在通信口 1 上同时执行 XMT/RCV 指令
000C	时钟存储卡不存在
000D	试图重新定义正在使用的脉冲输出
000E	PTO 个数设为 0
0091	范围错误（带地址信息），检查操作数范围
0092	某条指令的计数域错误（带计数信息），确认最大计数范围
0094	范围错误（带地址信息），写无效存储器
009A	用户中断程序试图转换成自由口模式

3. 编译规则错误

当用户下载一个程序时，CPU 将对该程序进行编译，如果 CPU 发现程序违反编译规则（如非法指令），CPU 就会停止下载程序，并生成一个非致命编译规则错误代码。违反编译规则所产生的错误代码及其描述如表 7-8 所示。

表 7-8　　　　　　　　　违反编译规则所产生的错误代码及其描述

错误代码	错误描述
0080	程序太大无法编译
0081	堆栈溢出，把一个网络分成多个网络
0082	非法指令
0083	无 MEND 或主程序中有不允许的指令
0085	无 FOR 指令
0086	无 NEXT 指令
0087	无标号（LBL、INT/SBR）
0088	无 RET 或子程序中有不允许的指令
0089	无 RETI 或中断程序中有不允许的指令
008C	标号重复
008D	非法标号
0090	非法参数
0091	范围错误（带地址信息），检查操作数范围
0092	指令计数域错误（带计数信息），确认最大计数范围
0093	FOR/NEXT 嵌套层数超出范围
0095	无 LSCR 指令（装载 SCR）
0096	无 SCRE 指令（SCR 结束）或 SCRE 前面有不允许的指令
0097	程序中有不带编号的或带编号的 EU/ED 指令

错误代码	错误描述
0098	程序中用不带编号的 EU/ED 指令进行实时修改
0099	隐含程序网络太多

例如，用顺控指令编写控制程序时漏掉了 LSCR（装载 SCR）指令，在程序下载或编译时，在 S7 - 200 的输出窗口会给出错误代码"0095"；当出现了无 SCRE 指令的程序时，在 S7 - 200 的输出窗口会出现错误代码"0096"；当出现了无 SCRE 缺少标号错误的程序时，在 S7 - 200 的输出窗口出现错误代码"0087"等。有了错误代码表，就可以直接发现和处理一些程序设计中的常见错误。

7.2 项目基本知识

知识点一 PLC 的定期检修与维护

PLC 的可靠性很高，但环境的影响以及内部元件的老化等因素，也会使得 PLC 不能正常工作。若等到发生 PLC 报警或故障发生后再检查、维修，就会影响正常的生产。因此，定期检修与做好日常维护是非常必要的。

一般情况下，检修时间以每 6 个月至 1 年进行 1 次为宜。当外部环境条件较差时，可以根据具体情况缩短检修的间隔时间。定期检修的内容如表 7-9 所示。

表 7-9   PLC 定期检修的内容

检修项目	检修内容	判断标准
供电电源	在电源端子处测量电压变化范围是否在标准范围内	电压变化范围：上限不高于 110% 供电电压，下限不低于 85% 供电电压
外部环境	环境温度 环境湿度 积尘情况	$0 \sim 55℃$ $35\% \sim 85\%$ RH 不结露 不积尘
输入输出电源	在输入输出端子处测电压变化是否在标准范围内	以各输入输出规格为准
安装状态	各单元是否可靠固定 电缆的连接器是否完全插紧 外部配件的螺钉是否松动	无松动 无松动 无异常
寿命元件	电池、继电器、存储器等	以各元件规格为准

通常，PLC 是一个可靠性、稳定性极高的控制器。只要按照其技术规范安装和使用，出现故障的概率极低。但是，一旦出现故障，必须按上述步骤进行检查、处理。特别是检查出由于外部设备故障造成的损坏时，一定要查清故障原因，待故障排除以后再试运行。

项目学习评价

一、思考练习题

1. 简述利用 PLC 自诊断功能进行故障诊断和处理的方法。

2. 简述利用编程软件 STEP 7 - Micro/WIN 的输出窗口和信息菜单进行故障诊断的方法。

3. PLC 定期检修和维护的内容是什么？

二、学习过程记录单

通过对教材的学习和教师的讲解，学生将已理解的内容（要点）和有所不解并需要教师指导的问题详细填入下表，并上交。

学习过程记录单

项目七	PLC 的维护与故障诊断				
班 级		姓 名		计划完成学时	
组 别		小组人员		实际完成学时	
学习内容	学习的内容		掌握程度（学生填写）		
			好	一般	差
基本理论	① 掌握利用 PLC 的自诊断功能进行故障诊断				
	② 掌握利用 PLC 的软件资源进行故障诊断				
实操技能	① 掌握 PLC 的定期检修与维护				
	② 掌握 PLC 软硬件的故障排除技能				
实操记录					
教师点评					

三、个人学习总结

成功之处	
不足之处	
改进方法	

附录一 S7-200 系列 CPU 存储器范围及特性

描述	范 围				存取格式			
	CPU 221	CPU 222	CPU 224	CPU 226	位	字节	字	双字
用户程序区	2K 字	2K 字	4K 字	4K 字				
用户数据区	1K 字	1K 字	2.5K 字	2.5K 字				
输入映像寄存器	I0.0 ~ I15.7	I0.0 ~ I15.7	I0.0 ~ I15.7	I0.0 ~ I15.7	Ix.y	IBx	IWx	IDx
输出映像寄存器	Q0.0 ~ Q15.7	Q0.0 ~ Q15.7	Q0.0 ~ Q15.7	Q0.0 ~ Q15.7	Qx.y	QWx	QWx	DQx
模拟输入（只读）	–	AIW0 ~ AIW30	AIW0 ~ AIW30	AIW0 ~ AIW30			AIWx	
模拟输出（只写）	–	AQW0 ~ AQW30	AQW0 ~ AQW30	AQW0 ~ AQW30			AQWx	
变量存储器（V）	VB0.0 ~ VB2047.7	VB0.0 ~ VB2047.7	VB0.0 ~ VB5119.7	VB0.0 ~ VB5119.7	Vx.y	VBx	VWx	VDx
局部存储器（L）	LB0.0 ~ LB63.7	LB0.0 ~ LB63.7	LB0.0 ~ LB63.7	LB0.0 ~ LB63.7	Lx.y	LBx	LWx	LDx
位存储器（M）	M0.0 ~ M31.7	M0.0 ~ M31.7	M0.0 ~ M31.7	M0.0 ~ M31.7	Mx.y	MBx	MWx	MDx
特殊存储器	SM0.0 ~ SM179.7	SM0.0 ~ SM179.7	SM0.0 ~ SM179.7	SM0.0 ~ SM179.7	SM	SM	SM	SN
（SM）只读	SM0.0 ~ SM29.7	SM0.0 ~ SM29.7	SM0.0 ~ SM29.7	SM0.0 ~ SM29.7	x.y	Bx	Wx	Dx
定时器	256 (T0 ~ T255)	256 (T0 ~ T255)	256 (T0 ~ T255)	256 (T0 ~ T255)	Tx		Tx	
保持接通延时 1ms	T0, T64	T0, T64	T0, T64	T0, T64				
保持接通延时 10ms	T1 ~ T4	T1 ~ T4	T1 ~ T4	T1 ~ T4				
保持接通延时 100ms	T65 ~ T68	T65 ~ T68	T65 ~ T68	T65 ~ T68				
	T5 ~ T31	T5 ~ T31	T5 ~ T31	T5 ~ T31				
接通/断开延时 1ms	T69 ~ 695	T69 ~ 695	T69 ~ 695	T69 ~ 695				
	T32, T96	T32, T96	T32, T96	T32, T96				
接通/断开延时 10ms	T33 ~ T36	T33 ~ T36	T33 ~ T36	T33 ~ T36				
接通/断开延时 100ms	T97 ~ T100	T37 ~ T63	T97 ~ T100	T98 ~ T100				
	T101 ~ T255	T101 ~ T255	T101 ~ T255	T101 ~ T255				
计数器	C0 ~ C255	C0 ~ C255	C0 ~ C255	C0 ~ C255	Cx			Cx
高速计数器	HC0, HC3 HC4, HC5	HC0, HC3 HC4, HC5	HC0 ~ HC5	HC0 ~ HC5				HCx
顺控继电器（S）	S0.0 ~ S31.7	S0.0 ~ S31.7	S0.0 ~ S31.7	S0.0 ~ S31.7	Sx.y	SBx	SWx	SDx
累加器	AC0 ~ AC3	AC0 ~ AC3	AC0 ~ AC3	AC0 ~ AC3		ACx	ACx	ACx
跳转/标号	0 ~ 255	0 ~ 255	0 ~ 255	0 ~ 255				
调用/子程存	0 ~ 63	0 ~ 63	0 ~ 63	0 ~ 63				
中断程序	0 ~ 127	0 ~ 127	0 ~ 127	0 ~ 127				
PID 回路	0 ~ 7	0 ~ 7	0 ~ 7	0 ~ 7				
通信口	0	0	0	0				

附录二 S7-200 系列 PLC 常用特殊存储器 SM0 和 SM1 的位信息

SM 位	描　述
SM0.0	该位始终为 1，用作 RUN 方式监控
SM0.1	首次扫描为 1，常用作初始化脉冲
SM0.2	保持数据丢失时为 1，可用作出错处理
SM0.3	开机进入 RUN 方式，接通一个扫描周期
SM0.4	时钟脉冲：30s 闭合/30s 断开
SM0.5	时钟脉冲：0.5 s 闭合/0.5s 断开
SM0.6	时钟脉冲：闭合 1 个扫描周期/断开 1 个扫描周期
SM0.7	开关位置在 RUN 位置时为 1，在 TERM 位置时为 0，常用于自由口通信处理中
SM1.0	操作结果为 0 时置位
SM1.1	结果溢出或非法数值时置位
SM1.2	结果为负数时置位
SM1.3	试图除以 0 时置位
SM1.4	执行 ATT 指令，超出表范围时置位
SM1.5	从空表中读数时置位
SM1.6	BCD 到二进制转换出错时置位
SM1.7	ASCII 到十六进制转换出错时置位

附录三 S7-200系列PLC指令速查表

	布尔指令	
LD	N	装载
LDI	N	立即装载
LDN	N	取反后装载
LDNI	N	取反后立即装载
A	N	与
AI	N	立即与
AN	N	取反后与
ANI	N	取反后立即与
O	N	或
OI	N	立即或
ON	N	取反后或
ONI	N	取反后立即或
LDBx	N1，N2	装载字节比较的结果，N1（x: <，< = ，= ，> = ，>，< >）N2
ABx	N1，N2	与字节比较的结果，N1（x: <，< = ，= ，> = ，>，< >）N2
OBx	N1，N2	或字节比较的结果，N1（x: <，< = ，= ，> = ，>，< >）N2
LDWx	N1，N2	装载字比较的结果，N1（x: <，< = ，= ，> = ，>，< >）N2
AWx	N1，N2	与字比较的结果，N1（x: <，< = ，= ，> = ，>，< >）N2
OWx	N1，N2	或字比较的结果，N1（x: <，< = ，= ，> = ，>，< >）N2
LDDx	N1，N2	装载双字比较的结果，N1（x: <，< = ，= ，> = ，>，< >）N2
ADx	N1，N2	与双字比较的结果，N1（x: <，< = ，= ，> = ，>，< >）N2
ODx	N1，N2	或双字比较的结果，N1（x: <，< = ，= ，> = ，>，< >）N2
LDRx	N1，N2	装载实数比较的结果，N1（x: <，< = ，= ，> = ，>，< >）N2
ARx	N1，N2	与实数比较的结果，N1（x: <，< = ，= ，> = ，>，< >）N2
ORx	N1，N2	或实数比较的结果，N1（x: <，< = ，= ，> = ，>，< >）N2
NOT		堆栈取反
EU		检测上升沿
ED		检测下降沿
=	N	赋值
=1	N	立即赋值
S	S_ BIT，N	置位一个区域
R	S_ BIT，N	复位一个区域
SI	S_ BIT，N	立即置位一个区域
RI	S_ BIT，N	立即复位一个区域
LDSx	N1，N2	装载字符串比较的结果，N1（x: = ，< >）N2

续表

布尔指令		
ASx	N1，N2	与字符串比较的结果，N1（x：=，＜＞）N2
OSx	N1，N2	或字符串比较的结果，N1（x：=，＜＞）N2
数学、增减指令		
＋I	IN1，OUT	
＋D	IN1，OUT	整数、双整数或实数加法 IN1＋OUT＝OUT
＋R	IN1，OUT	
－I	IN1，OUT	
－D	IN1，OUT	整数、双整数或实数减法 OUT－IN1＝OUT
－R	IN1，OUT	
MUL	IN1，OUT	整数或实数乘法
＊R	IN1，OUT	IN1＊OUT＝OUT
＊D，＊I	IN1，OUT	整数或双整数乘法
DIV	IN1，OUT	整数或实数除法
/R	IN1，OUT	IN1/OUT＝OUT
/D，/I	IN1，OUT	整数或双整数除法
SQRT	IN，OUT	平方根
LN	IN，OUT	自然对数
EXP	IN，OUT	自然指数
SIN	IN，OUT	正弦
COS	IN，OUT	余弦
TAN	IN，OUT	正切
INCB	OUT	
INCW	OUT	字节、字和双字增1
INCD	OUT	
DECB	OUT	
DECW	OUT	字节、字和双字减1
DECD	OUT	
PID	Table，Loop	PID 回路
定时器和计数器指令		
TON	Txxx，PT	接通延时定时器
TOF	Txxx，PT	关断延时定时器
TONR	Txxx，PT	带记忆的接通延时定时器
CTU	Cxxx，PV	增计数
CTD	Cxxx，PV	减计数
CTUD	Cxxx，PV	增/减计数
实时时钟指令		
TODR	T	读实时时钟
TODW	T	写实时时钟

程序控制指令		
END		程序的条件结束
STOP		切换到 STOP 模式
WDR		看门狗复位（300ms）
JMP	N	跳到定义的标号
LBL	N	定义一个跳转的标号
CALL	N［N1，……］	调用子程序［N1，……］，可以有 16 个可选参数
CRET		从 SBR 条件返回
FOR	INDX，INIT，FINAL	For/Next 循环
NEXT		
LSCR		
SCRT	N	顺控继电器的启动、转换和结束
SCRE	N	
传位、移位、循环和填充指令		
MOVB	IN，OUT	
MOVW	IN，OUT	字节、字、双字和实数传送
MOVD	IN，OUT	
MOVR	IN，OUT	
BIR	IN，OUT	立即读取物理输入字节
BIW	IN，OUT	立即写物理输出字节
BMB	IN，OUT，N	字节、字和双字块传送
BMW	IN，OUT，N	
BMD	IN，OUT，N	
SWAP	IN	交换字节
SHRB	DATA S _ BIT，N	寄存器移位
SRB	OUT，N	
SRW	OUT，N	字节、字和双字右移
SRD	OUT，N	
SLB	OUT，N	
SLW	OUT，N	字节、字和双字左移
SLD	OUT，N	

续表

传位、移位、循环和填充指令		
RRB OUT, N		
RRW OUT, N	字节、字和双字循环右移	
RRD OUT, N		
RLB OUT, N		
RLW OUT, N	字节、字和双字循环左移	
RLD OUT, N		
FILL IN, OUT, N	用指定的元素填充存储器空间	
逻辑操作		
ALD	与一个组合	
OLD	或一个组合	
LPS	逻辑堆栈（堆栈控制）	
LRD	读逻辑栈（堆栈控制）	
LPP	逻辑出栈（堆栈控制）	
LDS	装入堆栈（堆栈控制）	
AENO	对 ENO 进行与操作	
ANDB IN1，OUT		
ANDW IN1，OUT	对字节、字和双字取逻辑与	
ANDD IN1，OUT		
ORB IN1，OUT		
ORW IN1，OUT	对字节、字和双字取逻辑或	
ORD IN1，OUT		
XORB IN1，OUT		
XORW IN1，OUT	对字节、字和双字取逻辑异或	
XORD IN1，OUT		
INVB OUT		
INVW OUT	对字节、字和双字取反（1 的补码）	
INVD OUT		
表、查找和转换指令		
ATT TABLE, DATA	把数据加到表中	
LIFO TABLE, DATA		
FIFO TABLE, DATA	从表中取数据	

续表

表、查找和转换指令	
FND = SRC，PATRN，INDX FND < >SRC，PATRN，INDX FND < SRC，PATRN，INDX FND >SRC，PATRN，INDX	根据比较条件在表中查找数据
BCDI　OUT	把 BCD 码转换成整数
IBCD　OUT	把整数转换成 BCD 码
BTI　IN，OUT	把字节转换成整数
ITB　IN，OUT	把整数转换成字节
ITD　IN，OUT	把整数转换成双整数
DTI　IN，OUT	把双整数转换成整数
DTR　　IN，OUT	把双字转换成实数
TRUNC　IN，OUT	把实数转换成双字
ROUND　IN，OUT	把实数转换成双整数
ATH　IN，OUT，LEN	把 ASCII 转换成十六进值格式
HTA　IN，OUT，LEN	把十六进值格式转换成 ASCII 码
ITA　IN，OUT，FMT	把整数转换成 ASCII 码
DTA　IN，OUT，FM	把双整数转换成 ASCII 码
RTA　IN，OUT，FM	把实数转换成 ASCII 码
DECO　IN，OUT	解码
ENCO　IN，OUT	编码
SEG　　IN，OUT	产生 7 段格式
中断指令	
CRETI	从中断程序有条件返回
ENI	允许中断
DISI	禁止中断
ATCH INT，EVENT	给中断事件分配中断程序
DTCH EVENT	解除中断事件
通信	
XMT　TABLE，PORT	自由口传送
RCV　TABLE，PORT	自由口接收
NETR TABLE，PORT	网络读
NETW TABLE，PORT	网络写
GPA　ADDR，PORT	获取口地址
SPA　ADDR，PORT	设置口地址
高速指令	
HDEF HSC，Mode	定义高速计数器模式
HSC N	激活高速计数器
PLS X	脉冲输出

参 考 文 献

［1］王永华．现代电气控制及 PLC 应用技术（第 2 版）．北京：北京航空航天大学出版社，2008.

［2］张伟林．电气控制与 PLC 综合应用技术．北京：人民邮电出版社，2009.

［3］田淑珍．S7-200 PLC 原理及应用．北京：机械工业出版社，2009.

［4］周四六．S7-200 系列 PLC 应用基础．北京：人民邮电出版社，2009.

［5］黄净．电器及 PLC 控制技术（第 2 版）．北京：机械工业出版社，2008.

［6］张万忠，刘明芹．电器与 PLC 控制技术．北京：化学工业出版社，2003.

［7］杜从商．PLC 编程应用基础．北京：机械工业出版社，2010.

［8］刘永华．电气控制与 PLC. 北京：北京航空航天大学出版社，2010.

［9］廖常初．PLC 编程及应用．北京：机械工业出版社，2005.

［10］程显吉．可编程序控制器应用技术．北京：机械工业出版社，2007.

［11］严盈富．西门子 S7-200 PLC 入门．北京：人民邮电出版社，2007.

［12］殷洪义．可编程序控制器选择、设计与维护．北京：机械工业出版社，2005.

［13］许孟烈．PLC 技术基础与编程实训．北京：科学出版社，2008.

［14］胡学林．可编程控制器教程（实训篇）．北京：电子工业出版社，2004.

［15］张普礼．机械加工设备．北京：机械工业出版社，2007.

［16］苗玲玉．电气控制技术．北京：机械工业出版社，2008.

世纪英才·中职教材目录（机械、电子类）

书　　名	书　　号	定　　价
模块式技能实训·中职系列教材（电工电子类）		
电工基本理论	978 - 7 - 115 - 15078	15.00 元
电工电子元器件基础（第 2 版）	978 - 7 - 115 - 20881	20.00 元
电工实训基本功	978 - 7 - 115 - 15006	16.50 元
电子实训基本功	978 - 7 - 115 - 15066	17.00 元
电子元器件的识别与检测	978 - 7 - 115 - 15071	21.00 元
模拟电子技术	978 - 7 - 115 - 14932	19.00 元
电路数学	978 - 7 - 115 - 14755	16.50 元
复印机维修技能实训	978 - 7 - 115 - 16611	21.00 元
脉冲与数字电子技术	978 - 7 - 115 - 17236	19.00 元
家用电动电热器具原理与维修实训	978 - 7 - 115 - 17882	18.00 元
彩色电视机原理与维修实训	978 - 7 - 115 - 17687	22.00 元
手机原理与维修实训	978 - 7 - 115 - 18305	21.00 元
制冷设备原理与维修实训	978 - 7 - 115 - 18304	22.00 元
电子电器产品营销实务	978 - 7 - 115 - 18906	22.00 元
电气测量仪表使用实训	978 - 7 - 115 - 18916	21.00 元
单片机基础知识与技能实训	978 - 7 - 115 - 19424	17.00 元
模块式技能实训·中职系列教材（机电类）		
电工电子技术基础	978 - 7 - 115 - 16768	22.00 元
可编程控制器应用基础（第 2 版）	978 - 7 - 115 - 22187	23.00 元
数学	978 - 7 - 115 - 16163	20.00 元
机械制图	978 - 7 - 115 - 16583	24.00 元
机械制图习题集	978 - 7 - 115 - 16582	17.00 元
AutoCAD 实用教程（第 2 版）	978 - 7 - 115 - 20729	25.00 元
车工技能实训	978 - 7 - 115 - 16799	20.00 元
数控车床加工技能实训	978 - 7 - 115 - 16283	23.00 元
钳工技能实训	978 - 7 - 115 - 19320	17.00 元
电力拖动与控制技能实训	978 - 7 - 115 - 19123	25.00 元
低压电器及 PLC 技术	978 - 7 - 115 - 19647	22.00 元
S7 - 200 系列 PLC 应用基础	978 - 7 - 115 - 20855	22.00 元

书　　名	书　　号	定　价
中职项目教学系列规划教材		
机械基础	978-7-115-24459	21.00 元
电工电子技术基本功	978-7-115-23709	24.00 元
数控车床编程与操作基本功	978-7-115-20589	23.00 元
数控铣削加工技术基本功	978-7-115-23735	24.00 元
气焊与电焊基本功	978-7-115-24105	20.00 元
车工技术基本功	978-7-115-23957	29.00 元
CAD/CAM 软件应用技术基础——CAXA 数控车 2008	978-7-115-24106	25.00 元
电动机与控制技术基本功	978-7-115-24739	18.00 元
钳工技术基本功	978-7-115-24101	26.00 元
数控编程	978-7-115-24331	26.00 元
气动与液压技术基本功	978-7-115-25156	26.00 元
铣工基本功	978-7-115-25315	21.00 元
PLC 控制技术基本功	978-7-115-25440	15.00 元
电路数学（第 2 版）	978-7-115-24761	22.00 元
电子技术基本功	978-7-115-20996	24.00 元
电工技术基本功	978-7-115-20879	21.00 元
单片机应用技术基本功	978-7-115-20591	19.00 元
电热电动器具维修技术基本功	978-7-115-20852	19.00 元
电子线路 CAD 基本功	978-7-115-20813	26.00 元
彩色电视机维修技术基本功	978-7-115-21640	23.00 元
手机维修技术基本功	978-7-115-21702	19.00 元
制冷设备维修技术基本功	978-7-115-21729	24.00 元
变频器与 PLC 应用技术基本功	978-7-115-23140	19.00 元
电子电器产品市场与经营基本功	978-7-115-23795	17.00 元
电动机维修技术基本功	978-7-115-23781	23.00 元
机械常识与钳工技术基本功	978-7-115-23193	25.00 元